绿色设计

/ Green Design

21世纪全国普通高等院校美术·艺术设计专业“十三五”精品课程规划教材

The“13th Five-Year Plan”Excellent Curriculum Textbooks for the Major of

Fine Arts and Art Design

in National Colleges and Universities in the 21st Century

编 著 王守平 张瑞峰 高 巍

辽宁美术出版社

Liaoning Fine Arts Publishing House

图书在版编目（CIP）数据

绿色设计 / 王守平等编著. — 沈阳 ：辽宁美术出版社，2020.8

21世纪全国普通高等院校美术·艺术设计专业“十三五”精品课程规划教材

ISBN 978-7-5314-8492-9

Ⅰ. ①绿… Ⅱ. ①王… Ⅲ. ①生态建筑－建筑设计－高等学校－教材 Ⅳ. ①TU201.5

中国版本图书馆CIP数据核字（2020）第044592号

出版发行　辽宁美术出版社
经　　销　全国新华书店
地　　址　沈阳市和平区民族北街29号　邮编：110001
邮　　箱　lnmscbs@163.com
网　　址　http://www.lnmscbs.cn
电　　话　024-23404603

封面设计　彭伟哲　于敏悦　孙雨薇
版式设计　彭伟哲　薛冰焰　吴　烨　高　桐

印制总监
徐　杰　霍　磊

印　　刷
沈阳博雅润来印刷有限公司

责任编辑　严　赫
责任校对　郝　刚
版　　次　2020年8月第1版　2020年8月第1次印刷
开　　本　889mm×1194mm　1/16
印　　张　8.25
字　　数　225千字
书　　号　ISBN 978-7-5314-8492-9
定　　价　59.00元

图书如有印装质量问题请与出版部联系调换
出版部电话　024-23835227

序 >>

「 当我们把美术院校所进行的美术教育当作当代文化景观的一部分时，就不难发现，美术教育如果也能呈现或继续保持良性发展的话，则非要“约束”和“开放”并行不可。所谓约束，指的是从经典出发再造经典，而不是一味地兼收并蓄；开放，则意味着学习研究所必须具备的眼界和姿态。这看似矛盾的两面，其实一起推动着我们的美术教育向着良性和深入演化发展。这里，我们所说的美术教育其实有两个方面的含义：其一，技能的承袭和创造，这可以说是我国现有的教育体制和教学内容的主要部分；其二，则是建立在美学意义上对所谓艺术人生的把握和度量，在学习艺术的规律性技能的同时获得思维的解放，在思维解放的同时求得空前的创造力。由于众所周知的原因，我们的教育往往以前者为主，这并没有错，只是我们更需要做的一方面是将技能性课程进行系统化、当代化的转换；另一方面，需要将艺术思维、设计理念等这些由“虚”而“实”体现艺术教育的精髓的东西，融入我们的日常教学和艺术体验之中。

在本套丛书出版以前，出于对美术教育和学生负责的考虑，我们做了一些调查，从中发现，那些内容简单、资料匮乏的图书与少量新颖但专业却难成系统的图书共同占据了学生的阅读视野。而且有意思的是，同一个教师在同一个专业所上的同一门课中，所选用的教材也是五花八门、良莠不齐，由于教师的教学意图难以通过书面教材得以彻底贯彻，因而直接影响到教学质量。

学生的审美和艺术观还没有成熟，再加上缺少统一的专业教材引导，上述情况就很难避免。正是在这个背景下，我们在坚持遵循中国传统基础教育与内涵和训练好扎实绘画（当然也包括设计、摄影）基本功的同时，向国外先进国家学习借鉴科学并且灵活的教学方法、教学理念以及对专业学科深入而精微的研究态度，辽宁美术出版社会同全国各院校组织专家学者和富有教学经验的精英教师联合编撰出版了《21世纪全国普通高等院校美术·艺术设计专业“十三五”精品课程规划教材》。教材是无度当中的“度”，也是各位专家多年艺术实践和教学经验所凝聚而成的“闪光点”，从这个“点”出发，相信受益者可以到达他们想要抵达的地方。规范性、专业性、前瞻性的教材能起到指路的作用，能使使用者不浪费精力，直取所需要的艺术核心。从这个意义上说，这套教材在国内还是具有填补空白的意义。

21世纪全国普通高等院校美术·艺术设计专业“十三五”精品课程规划教材编委会 」

目录 contents

前言
PREFACE

人类从远古时期的钻木取火到奴隶社会金属工具的使用，从中世纪铁器的普及到18世纪蒸汽机的发明，直至现代电子、空间科技的发展，现在的人类几乎无所不能。是的，有着聪慧头脑和勤劳双手的我们可以待在冬暖夏凉的屋子里，可以填海造田，可以登月，可以到火星考察，可以克隆出一只羊甚至在技术上可以克隆我们人类自己。但是，我们至今却无法建造一个与地球相似的生态系统，哪怕是一个小小的"生物圈2号"；但同时我们又觉得怎么天越来越灰，鸟儿越来越少，水越来越贵，人却越来越多？原来，我们从地球母亲那儿拿的太多，而我们给她的，只会使她越来越老。

破坏环境容易，恢复却很难。把地球表面搞得一团糟是一件非常容易的事情，但是恢复却耗时耗力。在科技、经济高速发展的今天，我国的各个领域也在飞速的发展着。中国俨然成为了世界的加工工厂，随之而来的便是我国资源储量的急速下降。绿色设计在现代化的今天，就不仅仅是一句时髦的口号，而是切切实实关系到每一个人的切身利益的事。这对子孙后代、对整个人类社会的贡献和影响都将是不可估量的。

建筑、环境设计一定要走"绿色设计"(Green Design) 之路。绿色设计是20世纪80年代末出现的一股国际设计潮流。绿色设计反映了人们对于现代科技文化所引起的环境及生态破坏的反思，面对人类生存环境存在的种种危机，应改变人们追求奢华的观念，逐步走向绿色设计，创造具有中国文化特色的现代建筑、环境设计文化，成为摆在中国设计师面前的一项重要任务，同时也体现了设计师道德和社会责任心的回归。因而绿色设计现已成为高等学校环境艺术设计专业高年级设计课中必不可少的设计课程。

编写该书有两个目的，第一个目的，是为了让读者对绿色设计的基础知识变得容易理解，表明该领域知识学习的必要性和紧迫性。另一个目的，是为学生提供一本较规范、科学、易懂的教材。于是便在该书中提供各方面信息，从收集资料到整理、设计成图的学习过程、真正课堂上的师生互动环节的设置，以及对在校学生作业的展示和讲评，多环节逐步进行。本书将有助于绿色设计基础知识的学习和设计思维方法的训练，并可充分地加以灵活的运用。

这本书的内容主要包括：基本的理论知识、设计要点功能分析及设计步骤；评析讲解经典范例；介绍国内外优秀作品等。力求理论和实践结合，提高实用性，反映和吸取国内外近年来的有关科学发展的新观念、新技术。

借此，向曾经关心和帮助过该书出版工作的所有老师和朋友致以衷心的感谢和敬意。特别要感谢艺术学院专业指导教师的热情支持，感谢院系领导的直接关怀与帮助。

由于作者水平所限，时间仓促，难免有诸多不足之处。真诚希望有关专家、学者及广大读者给予批评、指正。如能对读者在学习上有所裨益，我们将感到十分欣慰。

2004大連
國際室內設計教育研討會
International Seminar of
Interior Design & Education,
2004,Dalian

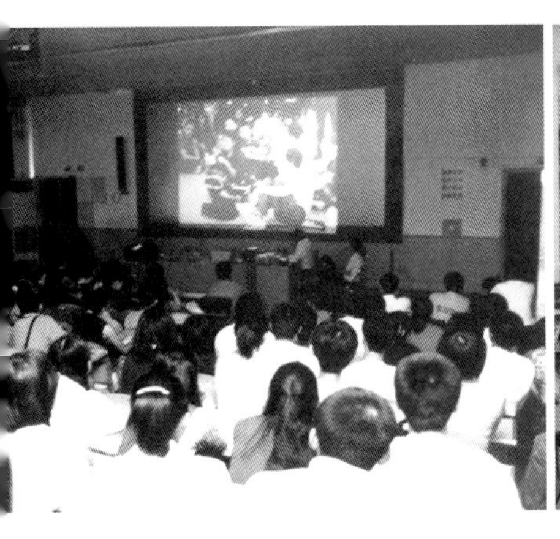

2004大連
國際室內設計教育研討會
International Seminar of
Interior Design & Education,
2004,Dalian

国际交流

作者在学术交流会上

师生在该校留影

学术交流会现场

中国高等院校

THE CHINESE UNIVERSITY

21世纪高等院校艺术设计专业教材

建筑·环境艺术设计教学实录

CHAPTER

概　述

严峻的现实

呼唤绿色设计

对环境"影响"最小的设计

第一章 概　述

"天之道，损有余而补不足。"

——老子《道德经》

发展是人类社会永恒的主题。但面对世界范围内的人口剧增、土地严重沙化、自然灾害频发、温室效应、淡水资源的日渐枯竭等人类生存危机，人类不得不明白"我们只有一个地球"，为此，1992年联合国环境与发展大会明确提出了人类要走可持续发展之路，以实现人类发展与自然的和谐共生。"可持续发展"思想的提出，不仅揭开了人类文明发展的新篇章，同时也带来了人类社会各领域、各层次的深刻变革。

图 1—1　珍惜环境
图 1—2　气象图
图 1—3　贫瘠的土地
图 1—4　人类制造堆积如山的垃圾

图 1—1

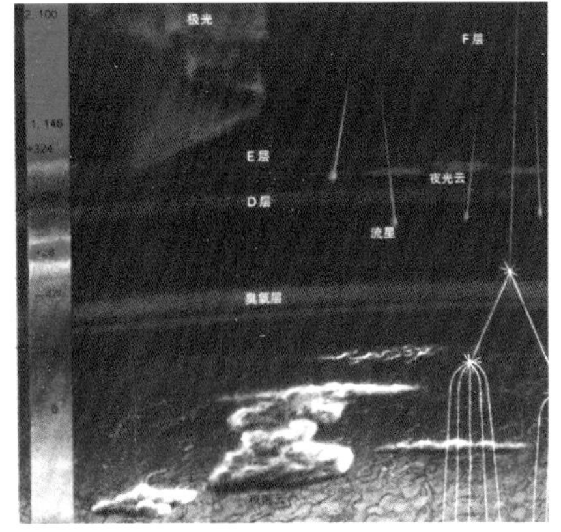

图 1—2

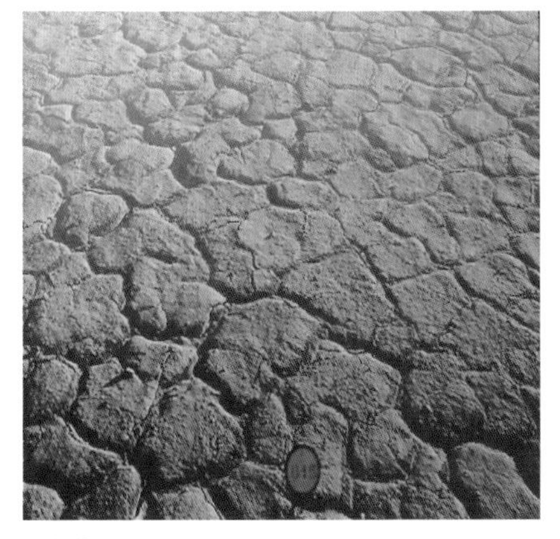

图 1—3

图 1—4

一、严峻的现实

人，是大自然之子，是生存环境的产儿。当人类从大自然中获得生命，获得生产能力之初，人与大自然共同生存在一个和谐的环境之中，但这种“共生关系”没有保持长久，人为了强化自己的生存能力，使这种关系开始出现裂痕：砍伐与开垦、屠杀与灭绝、污染与破坏——这些与大自然的、生命的绿色不和谐的阴影伴随着人类走向“文明”的历程。尤其在进入工业社会以来的数百年中，这种对抗自然规律的行径越演越烈，为了求得经济的高速发展，人们总是以耗尽资源与恶化环境为代价；于是使当今的地球变得多灾多难，可悲的是当今人们一再受到来自自然、气候、环境变异的警告时，才开始警觉并思考：

为什么人类最担心的灾难总是产生于人类自己之手？

异向气象之兆表现为：

1.地球上的“空洞”

20世纪80年代，欧美日本等一些发达国家一度以“日光浴”引为时尚，但是没过多久，时髦男女们对这种“健身”方式的痴迷就很快降温。原来人们发现这种时髦运动与一种可怕的皮肤癌有关。日本国立癌症中心等研究机构的人员表示，经过这种日光浴后，人们的皮肤层会起一些小小的黑色或褐色的斑点，称之为“日光角化症”。在日本，近年来爱好接受日光浴的人群中患有日光角化症的人较10年前增长了3～4倍，并且由于这种症状转为皮肤癌的比例也增长了2～3倍；这种皮肤癌不仅转移迅速，而且死亡率高，如果转移到淋巴结上死亡率将高达90%。

形成这种病的原因与人们在日光浴中接受了大量紫外线照射有关，更深层的原因则是因为日光中有害紫外线的增加。

臭氧本身是空气污染物的一种，但它能将以阳光中有害的220～330纳米的紫外线光（UN—B）全部吸收，如同一面生命的盾牌护卫着地球上的人、植物、动物与一切生命形式。另外，被臭氧所吸收的紫外线还能成为一种热能，起着对同温层保持恒温的作用。但是自从20世纪70年代之后，这种珍贵的臭氧正在减少。日本自从20世纪60年代以来一直持续进行对南极上空的臭氧进行观测，经过仔细确认观察，终于确认了南极上空“臭氧空洞”的存在。

发现臭氧减少的同时，人们又发现了长期以来一直作为制冷剂使用的化工物质氟利昂在大量增加。氟利昂是一种碳、氯、氟化合物，自从1930年被开发以来，由于其无毒、无臭、稳定，与其他物质难以发生化学反应等特殊性质，一直以来作为试验用剂和冷冻设备的制冷剂、塑料的发泡成形剂、半导体的洗涤剂、家用雾化杀虫剂中的雾化剂等等，大量用于工业生产与生活中。由于其特性特别稳定，释放后会一直在大气中漂流，而一旦到达平流层后，便由于强烈的紫外线作用分解出氯原子，它与附近的臭氧及氧原子结合，产生反应，同时又形成新的氯原子，经过这样的反复，一个氯原子被释放后，会破坏数万个臭氧成分，因而会造成臭氧层的日益严重的破坏空洞。

问题虽然被认识到了，但解决它却不那么简单。一方面，宣传杜绝氯原子破坏臭氧层不易。另一方面，氟利昂的生产关系着规模巨大的企业的生产。在我们日常生活中想立刻杜绝几乎不可能。

2.水俣病和石棉的危害

20世纪60年代，在水俣湾地区曾经爆发过影响最大、后果最严重的公害病“水俣病”，就是由于工厂排放含汞废水经食物链富集在鱼、贝中的甲基汞，再由人体的摄入而引起的。水俣病是一种中枢神经疾患，有急性、亚急性、慢性、潜在性和胎儿性等类型。水俣病的最初发现是从猫的异常行为开始的，这时的猫狂躁不止，最后跳入水中致死。而后发现得了水俣病的人也是狂躁不已，最后连续高热死亡。

由于工业产品材料使用与处理不当引起的污染公害还不止于此。

石棉是富有弹性纤维状硅酸盐矿物的总称，它有耐热、耐酸、耐碱、隔音、绝缘等特点，因而在建筑工业中有相当大的使用价值。除此之外，它还可以用于婴儿香粉、电吹风、石油暖炉、绒毯、酒等日用产品的生产，用途可达3000种之多。但是这种物质同时也会对人形成极其可怕的伤害。上海辞书出版社《使用环境科学词典》中表明：“石棉纤维能长时间地悬浮大气和水中，造成广泛的环境污染。长期吸入石棉纤维能引起石棉肺、肺癌和胃肠癌等。”但是像这样的石棉污染几乎每天都在各国的城市中发生着，尤其是大规模

图 1–5　珍惜环境
图 1–6　人口的不断增长，巨型城市的出现
图 1–7　人们生活的环境质量下降

图 1–5

图 1–6

图 1–7

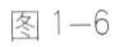

拆除旧建筑时，漫天扬起的石棉粉尘不仅对施工工人是一种伤害，对工地附近的居民的伤害也很大。

3.森林砍伐、酸雨等

森林自身的形成需要相当的时间与条件。它并不像人们从表面上看到的那样静止，一成不变，与生俱有。森林是一个敏感的、在呼吸、衰老、交替着的生命体，森林环境的生态平衡需要各种条件来满足。人类之手以任何方式改变或破坏这种平衡，对于森林自身的生命代谢都是一种致命的威胁。每砍伐一片森林，被破坏的不仅是这片森林自身，而是对包括剩下的森林面积的整个热带林的一种整体的摧残，更何况是对于动辄森林破坏面积达几成以上的砍伐呢？

由于一些发达国家对于国际森林资源的利己主义态度，对森林的大面积破坏已经延续了相当长的一个时期。据美国研究机构1980年，提出的《公元2000年的地球——美利坚合众国特别调查报告》中的统计，1980年以后世界森林面积总量为26亿公顷，而森林消失率大约每年为1000万公顷至1130万公顷。这个数字意味着，两年中可以把一个类似于日本这样大的国家的森林面积全部消耗掉。然而被破坏的森林面积并不是全世界平均的，被砍伐的地域差不多还集中在不发达地区，如拉丁美洲、非洲、东南亚这三大地域。

酸雨，是指PH值小于5.6的雨雪或以其他形式出现的大气降水。一般的雨雪降落时，自然大气中的二氧化碳会溶入其中形成碳酸而具弱酸性，其PH值会达到5.6，因此把大于这个值的降水作为非污染或非酸的降水，而小于这个值的水则为污染或酸性降水；PH值在4以下，则由人为的强酸造成。雨水酸化的主要原因是工厂排放大量的含硫和含氨的废气所致。由排气中的二氧化碳和氮氧化物在运行过程中，经过复杂的转代形成

硫酸和硝酸及其他盐类，最后随雨雪降落到地面，形成酸雨。在工业城市中用高烟囱排放的氧化物，能远距离输送，造成大范围的酸雨危害。江、河、湖水酸化后，导致水生生物特别是鱼类的死亡，使河湖失去生机而成为"死河"、"死湖"，其水流入饮用水渠道危害饮用者的健康，引起肺水肿、肺硬化。它的侵蚀可穿透油漆、金属腐蚀建筑物，危害森林、草场，破坏土壤肥力，影响农作物生长。酸雨污染成为世界上最严重的环境问题之一。

4．人口的不断增长、巨型城市的出现

"它们都在迅速增长，似乎没有看见一个极限。"

这是20世纪末城市研究者所面临的一个难题。城市化进程加速，城市人口剧增，并且这种速度在20世纪下半叶的工业化时期尤为明显。我们可以看看下列的数据：

世界10万人口以上的城市，1950年仅484座，1970年增至844座，1980年突破1000座，预计到2005年将突破12000座。

世界百万人口以上的城市，1950年仅75座，1970年增至162座，1980年又增至234座，预计到2008年将达到500座以上。

据联合国经社部报告，1985年全世界200万人以上的大城市有100座，人口总数达4.87亿；20世纪90年代400万以上人口的大城市有90座，到2000年全世界100～500万人口的大城市可达355座，500～1000万人口的大城市可达58座，1000万人口的大城由1985年的11座已增至24座。

人口超过1500万的巨型城市如墨西哥的圣保罗城，到2008年的人口将超过3000万。其他如埃及的开罗、阿根廷的布宜诺斯艾利斯，人口都将超过2000万。

据分析预测，到2008年，地球上人口的一半以上将住在城市。经工业社会发展的城市经过一百多年的历史，基本完成了人口高度集中的任务，形成了城市规模无限膨胀的畸形局面，产生出质的飞跃。我们如果把人口规模达到800万或800万以上的聚居点定义为"巨型城市"的话，21世纪，世界上这种巨型城市将突破30座。巨型城市将不断增多，并成为各国地区的政治、文化、信息和产业中心（图1–1～7）。

我们可以想象，偌大的城市不可能遵守"功能教条主义"的分区原则，而应采用"多中心"、"混合功能"的布局方式，繁忙的交通组织成为了城市的"生命线工程"，城市不但需要地铁、高速高架环形公路，各种中巴、有轨电车、的士、公共汽车，甚至还要有小型直升飞机场、高速火车等等；人工环境的高密度化需要自然环境的平衡，城市绿化、生态化的趋势将成为巨型城市之必须；能源和垃圾的转化和再利用，成为巨型城市必须的基础设施。

二、呼唤绿色设计

环境与资源问题的复杂性，是绿色设计形成世界性潮流的大背景，如果不是在这样的背景之下，绿色设计不会形成今天这样声势浩大的规模并成为引人注目的焦点。如前所述，绿色设计并不是一种单纯的设计风格的变迁，也不是一般的工作方法的调整，严格地讲，绿色设计是一种设计策略的大变动，一种牵动世界诸多政治与经济问题的全球性思路，一种关系到人类社会今天与未来的文化反省，绿色设计思想的缘起是与这种全球性污染的现实与文化反省的思潮密切相关的。

三、对环境"影响"最小的设计

A．绿色设计

B．生态设计

C．环境设计

D．生命周期设计

E．环境意识设计

师生互动

学生：我国是发展中国家，绿色设计的方法还没有普及，我国的现状究竟如何？

老师：迄今为止，还没有一个国家像中国这样面临如此巨大的经济发展和保护环境的双重压力，既要保持连续20多年年均9%的经济增长速度，又要遏制环境恶化的趋势。

2002年，全国环境污染治理投资占GDP的1.33%，比例之高在发展中国家中名列前矛，但环境状况仍很严重。2002年，七大水系干流及主要一级支流的199个国控断面中，其中有5类及劣有5类水质断面超过50%；在重点监测的343个城市中，有三分之一以上的城市空气质量劣于三级。全国污染物排放总量远高于环境容量，国家环境安全形势严峻。

2003年夏季，中国17个省市拉闸限电；进入冬季以来华东、华北、华南近10个省市拉闸限电，严重影响了居民生活和制约了经济的发展。2003年，全国用电增长速度高达14.7%。2004年中国能源消费和石油消费均将仅次于美国位居世界第二，30%以上的石油依赖进口。据测算，到2020年，中国石油对外依存度将高达60%以上，国家能源安全堪忧。

中国高等院校

THE CHINESE UNIVERSITY

21世纪高等院校艺术设计专业教材

建筑·环境艺术设计教学实录

CHAPTER

绿色设计概念与方法

第二章　绿色设计概念与方法

生命充满绿色，是因为生命充满活力、充满希望；它是一个和谐的整体，是一种可以抵御环境侵蚀的能量。绿色浓缩了大自然与人类生命的全部理想。

绿色设计（Green Design）是一个内涵相当广泛的概念，由于其含义与生态设计（Ecological Design）、环境设计（Design for Environment）、生命周期设计（Life Cycle Design）或环境意识设计（Environmental Con-scious Design）等概念比较接近，都强调生产与消费需要一种对环境影响最小的设计，因而在各种场合经常被互换使用。它是当今世界的“绿色环境”命题，是关于自然、社会与人的关系问题的思考在产品设计、生产、流通领域的表现。

狭义理解的绿色设计，是以绿色技术为前提的工业产品设计。广义的绿色设计，则从产品制造业延伸到与产品制造密切相关的产品包装、产品宣传及产品营销的环节，并进一步扩大到全社会的绿色服务意识、绿色文化意识等。绿色技术，有的称之为“环境亲和技术”，是尽可能减缓环境负担、减少原材料、自然资源使用或减轻环境污染的各种技术、工艺的总称。

绿色设计日益成为全社会广泛关注的价值观之后，其定义也在不断地扩展，并且派生出多种关系领域，如给予环境保护角度的“绿色计划”，基于市场角度的“绿色营销”，基于防止环境破坏扩展角度的无污染“绿色技术”，基于投资与商品经济角度的“绿色投资”、“绿色贸易”乃至发展中国家农业经济中的“绿色革命”等新千年相继登场。可以说，从绿色设计思潮萌动伊始，就没有一个完整的、确切的定义与范畴，它是社会理性在设计范畴的折射，因此，它的认识根源更多地来自全社会环保意识的发展与企业的市场生存理念。就设计思潮与社会发展思潮的关系而言，在设计运动的各个发展环节中，绿色设计表现出其独有的面貌与属性。

而我们在这里主要研究一下“绿色法则”在建筑空间中的广泛应用。

第一节　绿色建筑的由来

绿色建筑是可持续发展建筑的形象说法，侧重于工程层面。

1968年“罗马俱乐部”提出《增长的局限》报告，自然资源支持不了人类的无限扩张，引起了人们对生存与发展的关注。

1972年联合国斯德哥尔摩环境大会，提出了“人类只有一个地球”，呼吁对全球环境的关注。

20世纪80年代初，学术界首次提出了“可持续发展观”。

1984年联合国大会成立环境资源与发展委员会，提出可持续发展的倡议。

1992年巴西里约热内卢联合国环境与发展大会（全球首脑会议）提出了《21世纪议程》，正式部署可持续发展行动。

1994年7月4日，我国政府正式发布《中国21世纪议程》，在中国部署人口、资源、环境与发展的协调

图 2-1　柯里亚设计的MRF大厦
图 2-2　杨经文设计的梅纳拉商厦施工图纸
图 2-3　杨经文设计的梅纳拉商厦

图 2-1

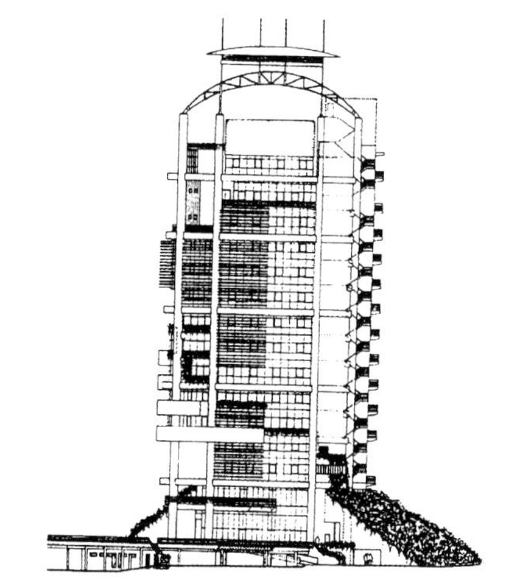

图 2-2

图 2-3

行动。1997年党的十五大正式提出"可持续发展战略",作为我国发展的基本战略。

至此，学术界的观点已经成为政治家的行动。其意义是，在对待资源、环境上，满足当代人发展需要时，不应损害后代人发展的需求，即所谓的"代际要公平"。

1999年国际建协第20届世界建筑师大会发布的《北京宪章》，明确要求将可持续发展作为建筑师和工程师们在新世纪中的工作准则。

发达国家在20世纪90年代组织起来探索实现可持续建筑之路，名为"绿色建筑挑战"。即采用新技术、新材料、新设备、新工艺、新方法，实行综合优化设计，使建筑在满足功能需要时所消耗的资源、能源最少，而增加的投资又可以承受，甚至寿命周期费用可以不增。

新成立的一些国际性组织，例如"世界绿色建筑理事会"、"国际可持续人工环境"等来开展有关绿色建筑方面的交流活动。一般认为可从四大方面去采取措施，即从能源、水资源、土地资源、材料资源方面实现尽可能少的一次性消耗及最大限度的重复利用或再利用。

绿色设计出现在新旧世纪交替之际，是20世纪"现代设计"设计理论之后转向新设计价值观的一种过渡。因此，尽管在这百年的最后阶段，绿色设计的省市并不算十分浩大；但是，由其阐述的生态价值观却为新世纪的设计思想发展确立了一个不可违背的原则，因而人们仍然将其视为20世纪末此起彼伏的众多设计思潮中最有影响的篇章之一。

第二节　绿色建筑概念

"绿色建筑"是指在建筑寿命周期（规划、设计、施工、运行、拆除／再利用）内通过降低资源和能源的消耗，减少废弃物的产生，最终实现与自然共生的建筑，它是"可持续发展建筑"的形象代名词。

一般来讲，生态是指人与自然的关系，那么，生态设计就应该处理好人、建筑和自然三者之间的关系，它既要为人创造一个舒适的空间小环境，同时又要保护好周围的大环境（自然环境）。具体来说，小环境的创造包括：健康宜人的温度、湿度，清洁的空气，好的光环境、声环境以及具有长效多适的灵活开敞的空间等等。对大环境的保护主要反映在两方面，即对自然的索取要少，对自然的负面影响要小。

第三节　国际建筑界有关"生态建筑"的实践

一、建筑设计方面

在建筑设计中考虑气候与地域因素早已成为设计中的一项指导原则。其中，柯里亚提出形式追随气候的设计方法论，来适应印度各个地区的干热或湿热气候。他设计的ECIL总部大楼和MRF大厦（图2—1）即属此例。而杨经文认为传统建筑学没有把建筑看做是生命循环系统的有机部分，没有从生态的角度来研究建筑学科的发展；而生态建筑学要求建筑师和设计者有足够的生态学和环境生物学方面的知识，进行研究和设计时应与生态学相结合。在此基础上，他在高层建筑中，结合东南亚的气候条件形成一套独特的设计理念和手法，如在高层建筑中引入绿化开敞空间；设计"两层皮"的外墙，形成复合空间或空气间层；屋顶设计遮阳格片的屋顶花园；利用中庭和两层皮创造自然通风等。主要代表作有他给自己设计建造的住宅、梅纳拉商厦（图2—2、3）和马来西亚IBM大厦等，这都较为完整地体现了他的设计思想。

1973年爆发了石油危机，1974年即召开了首次国际被动式太阳能大会，主要是通过对太阳能供热（包括太阳能集热器技术和太阳能温室）的开发利用，减少对不可再生能源的依赖。在太阳能住宅发展的基础上进一步出现了综合考虑能源问题的节能住宅，提高了建材的保温隔热性能，如采用中空玻璃的玻璃窗，外墙、屋顶设置保温层（保温材料采用聚苯乙烯等）。20世纪80年代出现了不少现代覆土建筑，多数是住宅，也有图书馆、博物馆等公共建筑。即使采用了更多的机械通风与人工照明，仍然节约了大量的采暖和制冷能耗。建于法国巴黎的联合国教科文组织（UNESCO）的办公楼就是一例。在德国20世纪90年代利用高新技术设计建造了一座"旋转式太阳能房屋"，这是由建筑师特多·特霍斯特在1994年设计的，他把自己的住房设计成同向日葵一样，能在基座上跟踪阳光转动。房屋安装在一个圆形底座上，由一个小型太阳能电动机带动一组齿轮。该房屋底座在环形轨道上以每分钟转动3cm的速度随着太阳旋转，当太阳落山以后该房屋便反向转动，回到初始位置，屋顶太阳能电池产生的电能仅有1.3%被旋转电机消耗掉．而它所获得的太阳能量相当于一般不能转动的太阳能房屋的2倍。这是欧洲第一座由计算机控制的划时代的太阳追踪住宅。德国还有一栋由太阳能研究所设计的建在弗赖堡的零能耗住宅，投入使用两年多来，能源完全自给自足。它每年每平方米建筑面积的用电仅为9.3kwh，其中7.9kwh供日常生活使用，0.9kwh供通风，热水不需用电，0.5kWh

图 2–4　生物圈 II 号
图 2–5　牙买加公共图书馆分馆
图 2–6　丹麦斯科特帕肯低能耗住宅

图 2–4

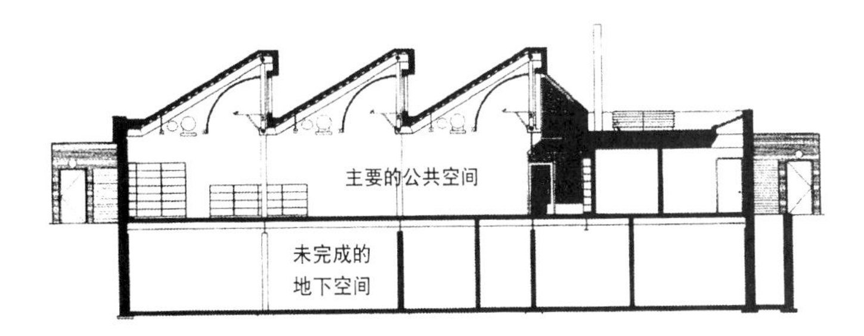

图 2–5

图 2–6

供取暖。在这栋住宅中，科学家综合采用了各种措施，如太阳能发电、热泵、氢气贮能器以及种种隔热建筑材料和建造方法。

在丹麦，1992年建成了一栋由丹麦KAB咨询所设计的斯科特帕肯低能耗住宅（图 2–6），备受世人关注，并获得1993 年的世界人居奖（World Habitat Award）。其技术措施主要包括：①外墙、屋顶、楼板均设保温层，使用热传导系数较小的门窗玻璃；②利用智能系统对太阳能和常规供热系统进行智能调控，使热水保持恒定温度；③利用通风系统和夜间热补偿等技术，减少住宅的热散失；④安装水表、能量表和双道节水阀装置及具有热回收性能的节水设备；⑤用雨水槽将雨水引至住宅区中央的小湖里，再渗入地下。这些技术措施的应用，使住宅小区的煤气、水、电分别节约了 60%、30%和 20%，而且改善了整个小区的环境。

日本1995 年在九州市建了首栋环境生态高层住宅，它是依据"日本环境生态住宅地方标准"的要求建造的。其温、热水由装在大楼南侧的太阳能集热器提供。这种太阳能集热器即使在下雨天也能使水加热到约55°C。在大楼前装有风车，由风车发电为公共场所照明提供辅助电源。据测算，每住户一年用于空调的电费和煤气费可节约57000日元。室外停车场的混凝土地面具有良好的透水性，可保持地下水的储备。

2000年上半年，由美国福特汽车公司在瑞典北部的Umea市建成世界第一家"绿色"汽车经销展厅，被称为"绿色区域"。其使用的能源全部来自太阳能、风能等可再生能源，同时通过天然采光和地热调节系统来减少能量的使用。使能源需求减少了70%，并且还采用了一套特殊的地热调节装置对展室的采暖进行调节。汽车展厅、餐厅和加油站之间用暗沟连接起来，暗沟成了热量流通的渠道，使多余的热量可在三栋建筑物之间流通。例如餐厅厨房的多余热量就可用来给汽车展室增温。室内设置了顶窗，以改善采光和降低照明能耗。此建筑拥有一座风力发电站，投入运行后可满足整个设施的能源需要。这座风力发电站坐落在海边迎风的位置上。"绿色区域"设有废水循环和再生系统，公园的湖面和雨水是供水的主要来源，通过内部的废水处理系统进行再生与循环。下水不与当地废水系统连接，采用现场净化中水装置。整个"绿色区域"对市政供水的需求减少了90%，其中的10%供厨房和餐厅使用。设施内的空气用生长着的植物来净化，植物被称为"绿色过滤器"。三栋建筑的屋顶均以绿色植被覆盖，这对于当地的气候和水循环系统起了很好的作用。公司又把原来采用沥青的地面都换成了强化草皮，所有建材全部采用可以回收利用的材料。这栋建筑的实践说明，通过组合运用现有的环境技术，有可能使能源需求减少60%～70%。

1999年落成并交付使用的南牙买加公共图书馆分馆（图2–5），据说是由美国政府出资兴建的纽约市第一栋绿色建筑，此建筑被评为2000年"世界地球日"十佳建筑之一。设计人是C·斯坦恩先生，他希望这座以绿色为主题的建筑对周围环境的破坏减低到最低限度，为使用者提供一个更亲切、更自然、更健康、更节能的建筑环境。由于是改建工程，与两侧及后部相邻建筑只有2～3m的间隔。除了主立面外，其他3个方向均不可能开窗取得自然采光，因此在屋顶上设了3排朝南的天窗。天窗上装有可自动控制的遮阳卷帘，1/4弧形白色反射罩和电光源。阅览部分能通过自动或手动调节，使光线变得更均匀、柔和、舒适。在晴天时，2/3的采光来自自然光。图书馆内空调送回风风道可以切换，夏天是下送上回，由回风口直接将窗户进来的辐射热带走，冬天是上送下回，得以充分利用太阳的辐射热，这种系统十分节能。西向主立面的玻璃采用新型的双层吸热玻璃，只透光，不透热，大大减少通过玻璃透射带来的热量。天窗玻璃则采用低辐射中空玻璃，具有对阳光的高透过率和对于长波辐射热的高反射率，具有极好的保温性能。据斯坦恩先生称，此建筑比同等规模的建筑在采暖空调方面节能1/3，但作为绿色建筑初次投资比一般建筑高出许多，其造价相当于现有同等规模图书馆的2.5倍。

1991年美国在亚利桑那州沙漠中雄心勃勃建造的一个人工生态系统"生物圈Ⅱ号"（"生物圈Ⅰ号"指地球），也许是迄今最伟大的生态试验。这是一个全封闭，与外界完全隔绝的生物系统，复制了地球上7个生态群落，并有多个独立的生态系统，包括一小片海洋、海滩、泻湖、沼泽地、热带雨林及草场等（图2–4）。它的上面覆盖着密封玻璃罩，只有阳光可以进入，容纳有8名科技人员，3800种动植物和1000万升水。植物为动物提供氧气和食物，动物和人为植物提供二氧化碳，人以动植物为食，泥土中的微生物转化废物。试验了7年后，"生物圈Ⅱ号"因二氧化碳含量过高而使系统失去平衡，试验宣告失败。这说明生物圈是一个极其复杂的系统，今天的科技水平还不足以掌握和控制它。此试验虽然失败了，其意义却是深远的，预示着人类生态时代将到来。

第四节　绿色设计方法

进入21世纪，人类社会的可持续发展将是一项极为紧迫的课题，"绿色设计"必然会在重建人类良性的生态家园过程中，发挥关键性的作用。"绿色设计"作为一个时代的设计命题的形成，它所涉及的已不仅仅是设计形式的本身，在这场设计观念根本变革的背后，是更为深刻的时代背景和社会背景。

生态建筑也被称作：绿色建筑、可持续发展建筑，其实这三个词的概念是相同的，只是从不同的角度来描述，侧重点有所不同而已。似乎生态建筑更加贴切。其实，生态建筑所包含的理念并不是什么新鲜的东西，因为从原始的简单遮蔽物到现代的高楼大厦，都或多或少地蕴含着朴素的生态思想，只不过今天人们对它的认识更加理性，更加深化了。

一般来讲，生态是指人与自然的关系，那么，生态建筑就应该处理好人、建筑和自然三者之间的关系，它既要为人创造一个舒适的空间小环境，同时又要保护好周围的大环境（自然环境）。

一、小环境的创造

小环境的创造包括：健康宜人的温度、湿度，清洁的空气，好的光环境、声环境，以及具有长效多适的灵活开敞的空间等等。

二、对大环境的保护

对大环境的保护主要反映在两方面，即对自然界的索取要少，对自然界的负面影响要小。其中前者主要是对自然资源的少费多用，包括节约土地，在能源和材料的选择上贯彻减少使用、重复使用、循环使用以及用可再生资源替代不可再生资源等原则；后者主要是减少排放和妥善处理有害废弃物（包括固体垃圾、污水、有害气体），以及减少光污染、声污染等等。

对小环境的创造主要体现在建筑的使用阶段，而对大环境的保护则体现在从建筑物的建造、使用、直至寿命终结后的全过程。用健康的肌体比作生态建筑可能更容易理解：一个身体健康、素质很高的人，他的外表不一定打扮得很漂亮，但他生活俭朴，讲究卫生，适应能力强，寿命长，对社会的贡献大。他死后还要将身体的有用器官捐献给人类，把骨灰撒向大地当肥料。

正如十全十美的人不存在一样，完完全全的生态建筑也是没有的。特别是人类对生态环境问题的关注才刚刚开始，对生态建筑的探索也仅仅处于初级阶段。同时，生态建筑涉及的面很广，是多学科、多门类、多工种的交叉，可以说是一门综合性的系统工程。他需要全社会的重视，全社会的参与，绝不是仅靠几位建筑师就可以实现的，更不是一朝一夕能够完成的。但它代表了21世纪的方向，是建筑应该为之奋斗的目标。

从目前的情况看，以建筑设计为着眼点，其生态建筑主要表现为：利用太阳能等可再生能源；注重自然通风，自然采光与遮阳；为增强空间适应性，采用大跨度轻型结构；水的循环利用垃圾分类、处理，以及充分利用建筑废弃物等等。仅以上几个方面就可以看出，不论哪方面都需要多工种的配合，要结构、设备、园林等工种，建筑物理、建筑材料等学科的通力协作才能得以实现。这其中建筑是起着统领作用。建筑是必须以生态的观念、整合的观念，从总体上进行构思。

三、绿色建筑的原则

1.加强资源节约与综合利用，保护自然资源

通过优良的设计，优化工艺和采用适宜技术，新材料、新产品改变消费方式，合理利用和优化配置资源，千方百计减少资源的占有和消耗，最大限度地提高资源、能源和原材料的利用率，积极促进资源的综合利用。

2.以人为本，创建健康、无害、舒适的环境

我们强调高效节约不能以降低生活质量，牺牲人的健康和舒适性为代价。绿色建筑应当优先考虑使用者的需求，努力创造优美、和谐的外部空间环境，提高建筑室内舒适度，改善市内环境质量，保障安全供水，降低环境污染，满足人们生理和心理的需求，同时为人们提高工作效率创造条件。

3.充分利用自然条件，保护自然环境

充分利用基地周边的自然条件，保留和利用地形、地貌、植被和自然水系，保持绿色空间，保持历史文化与景观的连续性。在建筑的选址、朝向、布局、形态等方面，充分考虑当地气候特征和生态环境，因地制宜，最大限度利用本地材料与资源，建筑风格、规模与周围环境保持协调。尽可能减少对自然环境的负面影响，如减少有害气体、二氧化碳、废弃物的排放，减少对生物圈的破坏。

4.注重效率

通过技术进步和转变经营管理方式，提高建筑业的劳动生产率和科技贡献率；提高建筑工业化、现代化水平；积极发展智能化建筑，提高设施管理效率和工作效率；通过科学合理的建筑规划设计，适宜的建筑技术和绿色建材的集成，延长建筑整体系统的使用寿命，增强其性能及灵活性。

5.资源再生化

建筑完成，当需要拆除时，所使用的建筑材料是否能实现“资源再生化”。

6.人身健康因素

在建筑工地与完成后的工作车间中，有无不利于人身健康的因素。

四、四个“Re”原则

绿色设计所要解决的根本问题，就

是如何减轻由于人类的消费而给环境增加的生态负荷。这里所谓的生态负荷包括：建筑过程中能量与资源消耗所造成的环境负荷，由能量的消耗过程所带来的排放性污染的环境负荷，由于资源减少而带来的生态失衡所造成的环境负荷，由于建筑使用过程中的能源消耗所造成的环境负荷，最后还包括建筑终结时废旧物品与垃圾处理时所造成的环境负荷。

绿色建筑归纳起来就是资源有效利用（Resource Efficient Buildings）的建筑

Reduce——少量化设计原则。

可以理解成物品总量的减少，面积的减少，数量的减少；通过量的减缩而实现生产与流通、消费过程中的节能化。

Reuse——再利用设计原则。

基本上已将脱离产品消费轨迹的零部件，返回到适合的结构中，继续让其发挥作用；也可指由于更换影响整体性能的零部件，而使整个产品返回到使用过程中。

Recycling——资源再生设计原则。

产品或零部件的材料经过回收之后的再加工，得以新生，形成新的材料资源而重复使用。

Renewable——利用可再生能源和材料设计原则。

五、绿色设计着眼点

A．利用太阳能等可再生能源

B．注重自然通风、自然采光与遮阳

C．为改善小气候采用多种绿化手段

D．为争强空间适应性采用大跨度轻型结构

E．水的循环利用

F．垃圾分类、处理，以及充分利用建筑废物等

师生互动

学生：什么是绿色建筑？

老师：一座绿色建筑拥有以下一些绿色特征：对现有景观的有效利用，使用高效能源和有利生态的设施。使用可循环使用和有利环保的建筑材料，高质量的室内空气质量，让人感到安全和舒适。水资源的有效利用，使用无毒的再生材料，使用可再生能源，有效地控制和建筑管理系统。

学生：为什么要采用绿色建筑？

老师：绿色建筑是一种在全世界范围内的快速增长的趋势，因为它在降低运作成本，更好地保持室内空气质量，提高人们的工作效率，降低对环境的影响方面是大有裨益的。

通常一座建筑的能源消耗从60–80%不等，而一座绿色建筑由于其建筑设计方案的不同和建筑材料选择的不同，以及在建造和居住期间进行的实践不同，可以节能的潜力从40–50%不等。绿色建筑就是未来。

中國高等院校

THE CHINESE UNIVERSITY

21世纪高等院校艺术设计专业教材

建筑·环境艺术设计教学实录

CHAPTER 3

太阳能技术在建筑中的应用

第三章　太阳能技术在建筑中的应用

在高科技飞速发展的今天，太阳作为巨大的能源被人们重视并开发利用。人们用高科技的手段向太阳索取，享受着太阳。

在20世纪的社会发展过程中，生产力发展的因素、人口增长的因素，以及生活水平提高的因素等都促使了建筑能耗的大幅度攀升。而目前煤、石油、天然气等地球上所存在的常规性能源的储量正在迅速下降，能源危机已成为困扰全球的大问题。与此同时，社会的可持续发展要求能源开发同环境保护、生态平衡统筹安排。因此，自1970年中东石油危机以来，节约能源和积极开发清洁可再生纳新能源成为发达国家关注的热点。其中，太阳能作为一个取之不尽，用之不竭的洁净能源宝库，在一些欧洲国家得到极大地关注。经过多年的研究与实践，太阳能技术在建筑中的应用，在这些国家已经日渐成熟，太阳能的应用为这些国家节约了大量常规能源，并且减少了环境污染。

德国是比较重视对太阳能等可再生能源的研究和开发的国家之一，在这一领域取得了比较成熟的经验。德国环保部在〝太阳能2000〞宣传计划中，特别强调了进一步加强在德国使用太阳能的重要性。目前，德国太阳能光电板的生产能力已经达到了50MW的水平，可以满足世界上1/3的市场需求。据德国专家预测，到2050年，德国能源供应的50%将来自于包括太阳能在内的可再生能源。德国建筑界对太阳能技术在建筑中的应用也进行了不懈的努力，目前在德国城市的许多建筑中，太阳能技术的应用已经成为建筑设计中考虑的重要内容。

太阳能技术在建筑中的运用一般可以分为三种类型：第一种是被动式接受技术，它通常通过透明的建筑围护结构和相应的构造设计，直接利用阳光中的热能来调节建筑室内的空气温度；第二种是太阳能集热技术，它通常通过集热器把阳光中的热能储存到水或者其他介质中，在需要的时候，这些储存的能量可以在一定程度上满足建筑物的能耗需求；第三种是太阳能光电转换技术，它通过太阳能电池把光能直接转换成电能，可以直接为建筑物提供照明等能源需求。第一种方式常常可以用常规技术手段实现，后两种方式则更多地体现出高技术的运用。德国由于其在经济实力和科研技术方面的优势，所以在相当一部分建筑中，采用了太阳能集热技术和太阳能光电技术。

第一节　太阳能利用和建筑节能

走进德国南部大城市弗莱堡正在兴建中的沃邦生态村，屋顶上安装的大片太阳能光电板在阳光中闪着蓝色光芒。生态村居民所使用的能量有2／3是由太阳能光电装置生产的电力供给的。为了大限度地获得太阳能，生态村的住宅全部是长条式的联排住宅。板式联排住宅与独立式住宅相比外墙面积少，外墙散热少，有利于采用密集型热网，节能实用。而且联排式住宅可以形成大面积屋顶，对安放大片大片的太阳能光电板提供方便。生态村按板式联排住宅进行规划设计，这在德国生态村建设中有一定的代表性．其他城市如格森喀什汉诺威、汉堡等地的生态村也多采用联排式住宅，格森喀什城的太阳能生态村有270户住宅，每户住宅拥

有 $4m^2$ 太阳能集热板和 $8m^2$ 太阳能光板。对于一个四口之家来说，这些太阳能装置能供2/3以上的热水和一半的电能。为了安装这些太阳能装置，设计者在南墙上，将太阳能装置与遮阳结合，夏天既可对南向墙、窗实行遮阳，又可为安装太阳能装置提供位置。按照德国的价格，这 $12m^2$ 的太阳能装置加设备约值8000马克，这对一个面积有200～$250m^2$ 的住宅来说，相当于每平方米造价增加了32～40马克。太阳能光电装置的一般使用寿命要求达到20年。

汉堡生态村是汉堡煤气公司与斯图加特大学根据联邦政府的太阳能政策合作的一个项目。生态村的联排住宅屋面上全部安装了太阳能集热板用来加热循环水，水加热后被贮存到一个 $4500m^3$ 的地下保温水池里，贮存的热水可供住在这里的100多户居民的生活热水和采暖。这个太阳能集热装置及地下保温水池为生态村居民提供了50%以上的热能，仅此一项每年可节电8000kwh，可少排放158吨二氧化碳。

太阳能、风能等都属于清洁能源，由于它在生产能源过程中不产生或极少产生废物、废水、废气，因而极大地减少了对自然生态环境的污染。德国许多地方都要求生态村中使用的能源，必须有50%像太阳能这样的清洁能源。因此，大面积安装太阳能装置，采用高效清洁的太阳能，成为德国生态村建设中的一个显著特点。

目前太阳能光电装置生产的电力，贮存技术复杂，成本过高，这对采用太阳能光电装置是个很大的障碍。为了鼓励生态村里普遍使用太阳能，德国政府允许太阳能光电装置产生的电力进入城市电网，国家按1马克1度电的价格收购，这大大高于正常电价，而晚上采用城市电网上的电时仍可按普通电价。由于德国政府这种优惠而有远见的政策，大大鼓励了太阳能光电装置在生态村里的广泛使用。

德国住宅耗能约占全国总能耗的25%，所以在积极采用太阳能的同时，德国在生态村建设中，十分重视提高生态住宅的热工性能，减少热损耗，实现节能。德国现在的节能规范已是能源危机后的第三个节能规范(WSVO，95)。如外墙的传热系数(单位为W／cm^2．K)限值原来是1.39，现在是0.5(低能耗外墙为0.2)，仅为原来的36%，窗户的传热系数仅为原来的20%。为达到节能要求，生态村的住宅从建筑朝向、外墙面积、墙体热工性能、窗户的密闭性能、南窗面积大小等方面都做了认真的规划和设计。

欧洲普通住宅过去年耗能约为100～150kwh/m^2，现在普通节能住宅的能耗为60～65kwh/m^2，低能耗住宅则为30kwh/m^2。生态村的一般住宅能耗有的已降低到44kwh/m^2，更低的为37kwh/m^2，已接近低能耗住宅的指标。德国建筑界对住宅中各种节能措施所达到的节能效果进行量化研究后得出：采用紧凑整齐的建筑外形，每年可节约8～15kwh/m^2 的能耗，改善外墙保温性能每年可节约11～19kwh/m^2 的能耗，加大南窗面积减小北窗面积每年可节约0～12kwh/m^2 能耗，建筑争取最好朝向，每年可节约6～15kwh/m^2 的能耗等。

这些措施也是生态村在住宅规划设计中主要采用的节能措施。经过多年来的探索实践，德国建筑师在生态村的建设中，研究开发出许多实用有效的节能技术，取得了可观的成果。

第二节　太阳能技术在德国建筑中具体的应用

以下通过3个德国的建筑实例，具体介绍一下这些相关技术在建筑设计中的运用。

一、弗莱堡沃邦居住区

沃邦居住区位于弗莱堡的南部城市边缘的舍恩伯格(SchOnbergs)山和洛雷托伯格(Lorettobergs)山两山脚下的狭长地带，离城市中心约25km。这个居住区是在1930年旧兵营的基础上修建而成的。居住区的规模很大，在它东部区域的住宅建设中，大量使用了太阳能光电技术。

在德国的很多城市里，住宅朝向的

要求并不像北京这么高。在沃邦居住区里的大量住宅就都是东西朝向的，而在它东部区域的住宅，为了能够充分地利用太阳能，则全部采用了南北朝向，与居住区中的其他住宅在布局上具有明显的不同。这些太阳能住宅在屋顶上大量安装了太阳能光电板，几乎所有朝南的坡屋顶上都完全被光电板所覆盖。这么大规模的光电板装置应用，即使是在德国也是比较少见的。光电板的坡屋顶形成了建筑形式的明显特征。

这些住宅全部采用木结构的形式，都是三层或者四层联排住宅，在建筑平面设计上，并没有什么特别的构思，甚至略显平淡。在这里，太阳能技术所能为建筑提供的能源，才是欧洲著名的太阳能建筑设计师罗尔夫·迪施(RoffDisch)主要关注的问题。罗尔夫·迪施与其他十位合作者在设计和建造中进行了详细地研究，尽可能地利用了弗莱堡充足的日照条件。通过太阳能光电板所提供的电功率，在一天之中阳光最强烈的时候，每户太阳能光电板所提供的功率峰值可达5kw。太阳能装置每年可以为每户提供大约5700度电，所提供的能量可以满足住宅中50%的热水需求（图3–1）。

二、弗莱堡“旋转别墅”

罗尔夫·迪施在弗莱堡另一个很著名的作品就是1995年设计的“旋转别墅”。它位于距离弗莱堡沃邦居住区不远的一个高级别墅区里，这个别墅区里的绝大多数别墅都采用传统的建筑样式，“旋转别墅”以其独特的造型在其中非常显眼。

“旋转别墅”最大的特点在于建筑自身可以根据太阳方向旋转。建筑物的基底面积仅有9m²，重达100吨的建筑就完全靠这9m²的柱支撑，并且以这个巨大的柱子为轴旋转。这样就突破了传统建筑设计中的朝向问题，整个建筑的所有房间都可以接收到阳光的照射，提高了居住质量。

建筑的围护结构为高效的透明墙体，既可以在采暖季节让阳光充分地照射到房间里，加热室内的空气，又能够有效地防止热量的散失。部分墙体外安装了一种管状透明材料，使墙面的K值可以达到0.6W/m²。如果在管状材料中充入氪气和氙气等惰性气体，那么墙面的K值可以降低到0.4W/m²。

“旋转别墅”的屋顶上安装了太阳能光电板，光电板可以根据一天中太阳的高度角和方位角调整自己的角度和方向，能够最大限度地利用太阳能。因此，屋顶上安装的约54m²的太阳能光电板在一天中所提供的功率峰值可达到6.6kw，并且能够在一天中的大部分时间保持较高的功率。这种高效利用的太阳能光电板一年可以为“旋转别墅”提供大约9000度的电能，能够在很大程度上满足建筑能耗的需要。

三、汉堡伯拉姆菲尔德(Brame feld)生态村

汉堡伯拉姆菲尔德生态村是德国教育科研部支持开发的项目，总建筑面积为14500m²，是德国城市中比较早地利用太阳能技术的居住区，由斯图加特大学热工研究所提供技术设计（图3–2）。

在伯拉姆菲尔德生态村中，主要采用了太阳能集热技术。从太阳能中获取热能，以此替代传统的天然气作为采暖的能源。在每户住宅的屋顶都安装了大量的太阳能集热器，通过集热器采集的太阳能来加热集热器中的水，然后把这些经过加热的水通过设计的管网输送汇集到居住区中供暖中心的一个储水罐里，在需要的时候，这些储藏的热水再通过管道返回到每户住宅中，可以为居住区中的住宅提供采暖和生活热水。

与弗莱堡居住区建筑所不同的是，在这里与建筑屋顶形式相结合的是太阳能的集热器，在整个生态村中，所装置的太阳能集热器总面积达到3000m²，占所建筑屋顶面积的49%。这些太阳能集热器可以提供相当于大约700kw的功率。

图 3–1　弗莱堡沃邦居住区
图 3–2　汉堡伯拉姆菲尔德生态村太阳利用系统图解
图 3–3　外墙细部
图 3–4　屋顶带太阳能集热器的联排住宅

图 3–1

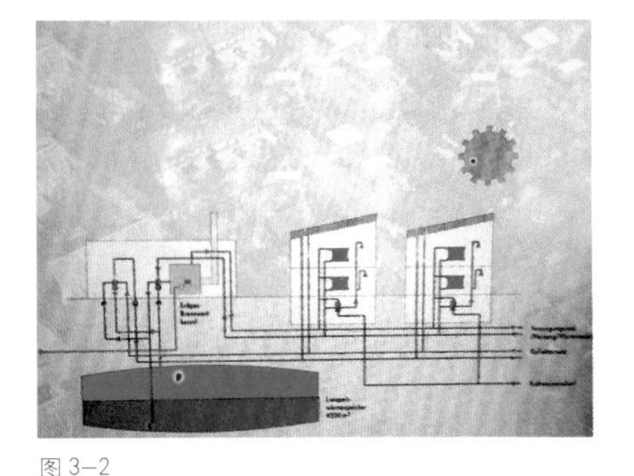
图 3–2

图 3–3

图 3–4

由于存在不同季节对能源需求的差别，所以在整个太阳能利用系统中，一个有效的能量储存设备是非常必要的，也是整个系统是否真正具有实用价值的关键所在。在汉堡生态村的设计中，采用了一个容量为 4500m³ 的大储水罐，作为储存一年四季中所采集的太阳能的储存设备。这个储水罐由钢筋混凝土建成，深埋于居住区能源管理站的地下，并采用了高效的保温材料和措施，保证在漫长的储存期间水温不会有太多的变化。

通过这套完整的集热、储热和供热系统，可以满足生态村中 130 户住户的生活热水和冬季采暖中相当大的一部分需求，每年可以节省以前由石油、天然气等常规性能源所提供的约0.8兆度的能量，占生态村中所有能耗的 49%。同时也减轻了对环境的污染，每年可以少排放约 158T 的二氧化碳(图 3–3、4)。

第三节　太阳能技术在其他国家建筑中的应用

不少发达国家在太阳能的利用与开发方面进行了有益的探索，并使建筑设计与太阳能技术得到了巧妙而有机的结合，下面的例子将会给我们以启迪。

1995 年 11 月落成的荷兰 Boxtel 国家环境教育咨询中心，设计者在中心走廊的玻璃顶上安装了功率为 7.7kw 的光电 PV 板，成功地将太阳能技术与建筑设计结合起来。夏天，PV板可以充当遮阳装置，减少阳光的直射；冬天，可以通过调整玻璃顶上 PV 板的间距获取相应的自然采光。这座建筑的太阳能PV板满足了40%的能源需求，减少了建筑的能源开支(图 3–5)。

能源匮乏的以色列是个阳光充足的

图 3–5　走廊玻璃顶上为光电 PV 板
图 3–6　以色列建筑与太阳能集热器的巧妙结合
图 3–7　荷兰联排式住宅
图 3–8　日本小住宅朝阳屋顶上太阳能集热装置
图 3–9　荷兰住宅立面装置了可移动光电 PV 遮阳板

图 3–6

图 3–5

图 3–7

图 3–8

图 3–9

国家，利用太阳能的建筑很常见。在一幢建筑叠错的屋顶阳台尽端放置了太阳能集热器，太阳能设备与建筑巧妙的结合，使建筑物有了生动的造型（图 3–6）。

荷兰联排式住宅中，设计者在屋面以适宜接受阳光的角度做了坚固的标准的框架体系，这种标准构件将建筑屋面结构与采光窗、太阳能集热板有机地结合在一起，形成新的科技含量较高的整合的屋面体系，使房屋供暖、制冷及所需的生活用水都充分享受了太阳这个清洁的能源（图 3–7）。

日本一独院式小住宅将太阳能 DHW 系统的集热装置放在朝阳的起居室斜屋面上，与建筑立面较好地结合，有效地利用了太阳能，完美地解决了房屋的采暖及供冷（图 3–8）。

在荷兰的多德雷赫特（Dordrecht）1997 年建成的 22 栋节能住宅的设计中，立面上装置了可移动的光电 PV 遮阳板，与建筑入口结合得相当漂亮（图 3–9）。

一幢日本的多层住宅，每户装备有 2.4m^2 的平板式集热器，230L 的储热罐及 370L 水暖器在内的内装式热水系统。建筑师将平板式集热器与建筑阳台结合得错落有致（图 3–10）。

图3–10　日本多层住宅平板式集热器与建筑阳台相结合
图3–11　德国办公楼将多晶的太阳能电池与镜面反射玻璃结合
图3–12　荷兰Amersfoot住宅新区安装了与建筑屋面结合的光电PV系统

图3–11

图3–10

图3–12

1955年冬，在德国柏林落成的Tier–garten办公楼，在设计中将多晶的太阳能电池与镜面反射玻璃结合，这种灰蓝色电池的颜色及反射性与镜面玻璃十分相似，整个建筑呈现出高科技、高品质的纯净外观，把太阳能光电PV板这种特殊"立面材料"的作用与表现力充分地展示出来(图3–11)。

1998年夏，在荷兰首都阿姆斯特丹附近的Amersfoot住宅新区的规划设计中，荷兰电业系统为整个住宅区安装了一个与建筑屋面结合的，具有大功率的光电PV系统，实现了光电PV系统的标准化及屋面PV系统的预制化(图3–12)。

日本九州的一片独立式小住宅区，每户装有3.34m² 的平板式太阳能集热器，固定在向阳的坡屋面上，解决了用户的生活热水问题(图3–13)。

美国SUNSLATES公司在加州亚特兰大地区成功地将太阳能光电PV板与屋面石板瓦相结合，试验生产高科技的光电PV屋面石板瓦，这种太阳能技术与建筑材料的结合，将大大推进太阳能在建筑中的应用(图3–14)。

英国诺森伯兰(Northumberland)大学的一座四层楼的校园建筑翻修工程，采用了总功率为40kw的光电板作为立面的装饰材料。光电PV板的特殊图案使得建筑的外观更加丰富多彩。这个工程是光电PV板与建筑结合首次大规模的尝试，获得了1995年欧洲大不列颠太阳能奖中的建筑设计与革新奖(图3–15)。

图 3–13　日本独立式小住宅区

图 3–14　美国光电 PV 板与屋面石板瓦相结合

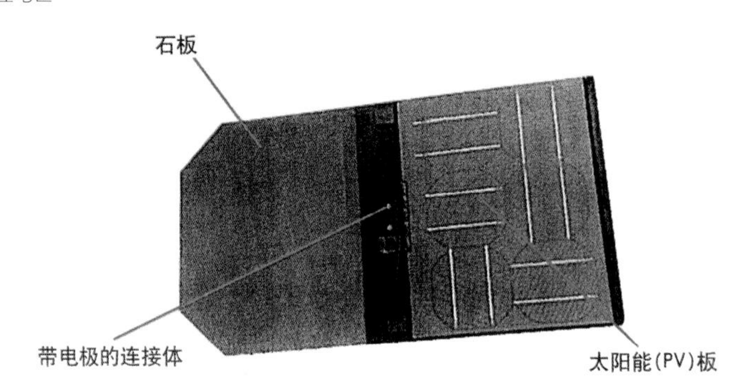

图 3–15　英国诺森伯兰大学建筑装饰材料

师生互动

学生：请介绍一下国内设计尤其是室内设计目前的发展现状及前景？

老师：绿色设计在现代化的今天，不仅仅是一句时髦的口号，而是切切实实关系到每一个人的切身利益的事。这对子孙后代，对整个人类社会的贡献和影响都将是不可估量的。

中国的现代室内设计真正起步应是在改革开放后的 20 多年，一开始受传统观念的影响较大，表现为重视表面效果，侧重装饰。大多数设计师借助资料对中外传统及现代流派进行模仿，没有把自己的想法融合进去，造成了许多设计的雷同和一般化问题。经过 20 多年时间，随着建筑、建材等相关行业的同步发展，众多设计师通过设计实践、研究，并吸取国外新的设计理念，已经取得了很大的发展和进步。现已涌现出了一批有实力的设计企业和高水平的设计师，他们不仅重视美学研究，而且还重视设计中的科技含量。既注重空间及综合功能设计，还追求人居环境的高品质。从目前情况来看，由于我们的设计队伍庞大，发展不平衡，国内的设计整体水平和国外相比还是存在很大的差距。面对人类生存环境存在的种种危机，应改变人们追求奢华的观念，逐步走向绿色设计，创造出具有中国文化特色的现代建筑、环境艺术设计文化，成为摆在中国建筑、环境艺术设计师面前的一项重要任务，因为这是中国建筑、环境艺术设计的唯一出路，也是世界建筑、环境艺术内设计的唯一出路。

中國高等院校
THE CHINESE UNIVERSITY
21世纪高等院校艺术设计专业教材
建筑·环境艺术设计教学实录

自然通风
与建筑通风相关的几个概念
建筑中的雨水收集利用
水资源的循环利用

CHAPTER 4

设计中的自然通风与雨水收集利用

第四章　设计中的自然通风与雨水收集利用

自然通风（或机械辅助式自然通风）是当今生态建筑中广泛采用的一项技术措施，其应用目的是：尽量减少传统空调制冷系统的使用，从而减小耗能、降低污染，同时更有利于人的生理和心理健康。自然通风的理论依据是利用建筑外表面的风压和建筑内部的热压在建筑师内产生空气流动。但对于不同类型的建筑（不同进深、不同高度、不同用途）来说，实现自然通风的技术手段各不相同。从建筑通风这一特定的角度对几个耳熟能详的建筑范例做出分析，旨在揭示建筑通风技术的重要性和复杂性。

空调制冷技术的诞生是建筑技术史上的一项重大进步，它标志着人类从被动地适应宏观自然气候发展到主动地控制建筑微气候，在改造和征服自然的道路上又迈出坚实的一步。从1834年在美国工程师雅柯布·伯金斯（Jacob.perkins）发明第一台以乙醚为制冷剂的活塞式制冷装置，到1927年舒适性空调器问世，制冷空调逐渐渗入到人类生活的方方面面，特别是随着经济的迅速发展和生活水平的逐渐提高，人们对居住和工作环境的舒适性要求也越来越高，这一点极大地推动了空调业的迅猛发展。

但空调技术也有负面影响，对空调的过分依赖和不加限制的滥用，是造成当今环境和能源问题的重要原因。例如在我国，2000年家用空调的总需求量约为1000万台，装机容量达1000万km，这意味着我国在"九五"期间增加的1亿km的电力装机容量的一半将用于解决家用空调的电力问题。此外，空调制冷设备中的氟利昂（CFC）会破坏大气的臭氧层；过量的空调还会加剧城市热岛，造成室外热环境恶化等问题。

第一节　自然通风

与其他相对复杂、昂贵的生态技术相比，自然通风（或机械辅助式自然通风）是当今生态建筑所普遍采取的一项比较成熟而廉价的技术措施。采用自然通风方式的根本目的就是取代（或部分取代）传统空调制冷系统。而这一取代过程有两点重要的意义：一是实现有效被动式制冷。自然通风可以在不消耗不可再生资源的情况下降低室内温度，带走潮湿气体，达到人体热舒适。这有利于减少能耗，降低污染，符合可持续发展的思想。二是可以提供新鲜、清洁的自然空气（新风），有利于人的生理和心理健康。室内空气品质（IAQ、Indoor Air Quality）的低劣在很大程度上是由于缺少充足的新风。空调所造成的恒温环境也使得人体的抵抗力下降，引发各种"空调病"。而自然通风可以排除室内浑浊的空气，同时还有利于满足人和大自然交往的心理需求。

一、利用风压实现自然通风

自然通风是一项古老的技术，在许多乡土建筑中都闪现着它的影子。自然通风最基本的动力是风压和热压。其中人们所常说的"穿堂风"就是利用风压在建筑内部产生空气流动。当风吹向建筑物正面时，因受到建筑物表面的阻挡而在迎风面上产生正压区，气流在向上偏转同时绕过建筑物各侧面及背面，在这些面上产生负压区。风压就是利用建筑迎风面和背风面的压力差，而这个压力差与建筑形式、建筑与风的夹角以及周

图 4–1　机械馆通风分析
图 4–2　商业银行通风分析

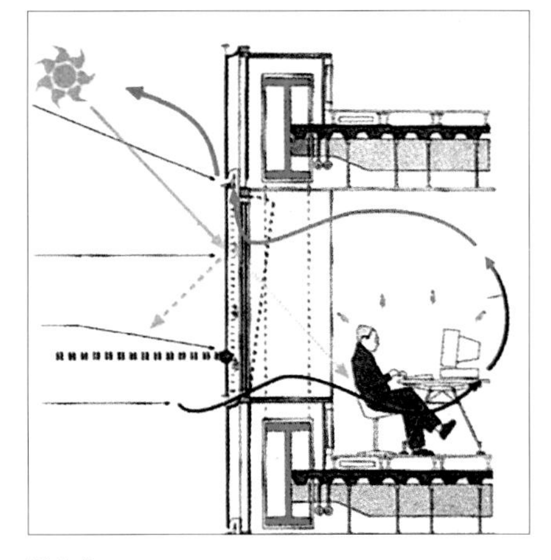

图 4–2

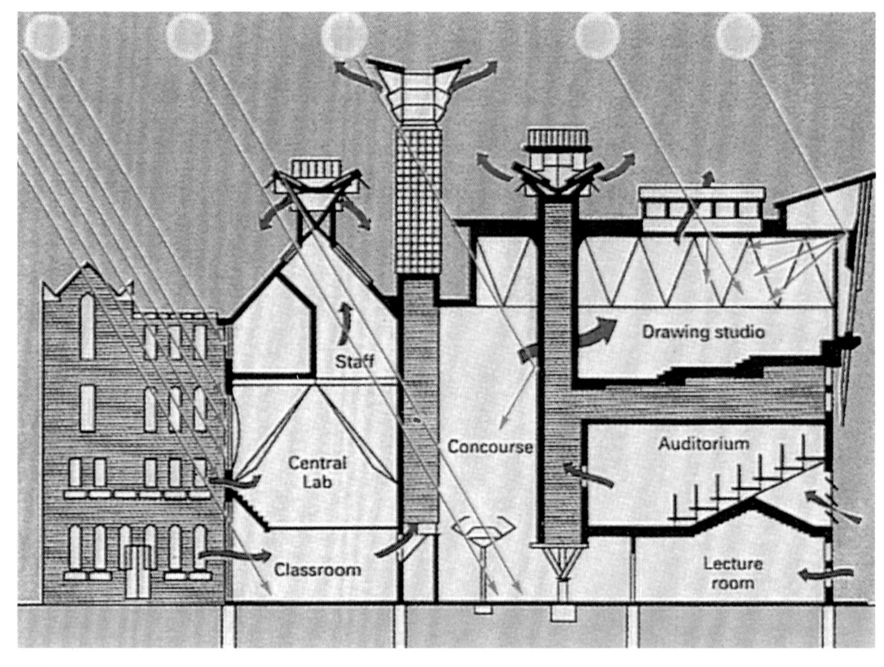

图 4–1

围建筑布局等因素相关。当风垂直吹向建筑正面时，迎风面中心处正压最大，在屋角及屋脊处负压最大。在迎风面上的风压为自由风速的0.5～0.8倍，而在背风面上，负压为自由风速的0.3～0.4倍。

如果希望利用风压来实现建筑自然通风，首先要求建筑有较理想的外部风环境（平均风速一般不小于3～4m/s）。其次，建筑应面向夏季主导风向，房间进深较浅（一般以小于14cm为宜），以便易于形成穿堂风。此外，由于自然风变化幅度较大，在不同季节、不同风速、风向的情况下，建筑应采取相应措施（如适宜的构造形式、可开合的气窗、百叶等）来调节室内气流状况。例如冬季在保证基本换气次数的前提下，应尽量降低通风量以减小热损失。

二、利用热压实现自然通风

自然通风的另一种机理是利用建筑内部的热压，即平常所讲的"烟囱效应"热空气（比重小）上升，从建筑上部风口排出，室外新鲜的冷空气（比重大）从建筑底部被吸入。热压作用与风口高度（H）的关系可以写成：$\triangle Pstack=\rho\ g\ H\ \beta\triangle t$（ρ为空气密度，β为空气膨胀系数），也就是说，室内外空气温度差越大，进出风口高度差越大，则热压作用越强。

由于自然风的不稳定性，或由于周围高大建筑、植被的影响，许多情况下在建筑周围形不成足够的风压，这时就需要利用热压原理来加速自然通风。

三、风压与热压相结合实现自然通风

利用风压和热压来进行自然通风往往是互为补充，密不可分的。但到目前为止，热压和风压综合作用下的自然通风机理还在探索之中，风压和热压什么时候相互加强，什么时候相互削弱还不能完全预知。因此一般来说，建筑进深小的部位多利用风压来直接通风，而进深较大的部位多利用热压来达到通风的效果。

由于受到功能的影响，通常的机械学院大多是矩形平面，大大的进深，长长的双面走廊，两侧是实验室和办公室；加上许多的实验室在工作过程中会产生热量并大量使用人工照明，因此为了带走室内的大量冷负荷（热量），在通常意义下都必须采用大规模空调系统。但位于英国莱切斯特的蒙特福德大学机械馆则是个例外。建筑师肖特和福德将庞大的建筑分成一系列小体块，这样既在尺度上与周围古老的街区相协调，又能形成一种有节奏的韵律感。而更为重要的是，小的体量使得自然通风成为可能。位于指状分支部分的实验室，办公室进深较小，可以利用风压直接通风。而位于中央部分的报告厅、大厅及其他用房则更多地依靠"烟囱效应"进行自然通风。报告厅部分的设计温度定为27℃，当室内温度接近设计温度时，与温度传感器相连的电子设备会自动打开通风阀门，达到平均每人10L/S的新风量。此外，报告厅通风道的消声设计也颇为精巧，整幢建筑完全是自然通风，几乎不使用空调。外维护结构采用厚重的蓄热材料，使得建筑内部的热量降至最低。正是因为采用了这些技术措施，虽然机械馆总面积超过1万平方米，相对同类建筑而言，其全年能耗(包括各类试验设备能耗)却很低。就在机械馆刚刚落成一年之后(1994年夏)，40年一遇的热浪席卷英伦三岛时，实际测试表明，在室外气温为31℃的情况下，建筑各部分房间的温度大多不超过23.5℃，可调效果极佳(图4-1)。

四、风的垂直分布特性与高层建筑的自然通风

风的垂直分布特性是高层建筑比较容易实现自然通风，但对于高层建筑来说，焦点问题往往会转变为高层建筑内部(如中庭、内天井)及周围区域的风速是否会过大或造成紊流，新建高层建筑对于周围风环境特别是步行区域有什么影响。

在法兰克福商业银行的设计过程中，针对塔楼中庭(60层高)的自然通风状况，福斯特及其合作者进行了无数次计算机模拟和风洞试验，光是模型就做了几十个(制作这些模型的主要目的是进行风洞试验，而不是通常所认为的"推敲立面")。与前面几位建筑师不同，福斯特最关注的不是风速够不够大，而是风速会不会太大。计算和试验的结果正如建筑师所担心的那样，如果整个中庭从上到下不加分隔，那么在很多情况下中庭内部将产生无法忍受的紊流。因此福斯特只得将每12层作为一个单元平方(12层也是通过计算和试验得出的理想值)，在每个单元内部房间利用热压来进行自然通风，各个单元之间通过透明玻璃相分隔。也就是说整个中庭不是通常所认为的一个"大烟囱"，而是被分隔成多个彼此独立的"小烟囱"，其目的是避免风压和热压过强而产生紊流（图4-2）。

五、机械辅助式自然通风

对于一些大型体育场馆、展览馆、商业设施等，由于通风路径(或管道)较长，流动阻力较大，单纯依靠自然的风压、热压往往不足以实现自然通风。而对于空气和噪声污染比较严重的大城市，直接自然通风会将室外污浊的空气和噪声带入室内，不利于人体健康。在以上情况下，常常采用一种机械辅助式自然通风系统。该系统有一套完整的空气循环通道，辅以符合生态思想的空气处理手段(土壤预冷、预热，深井水换热等)，并借助一定的机械方式来加速室内通风。

英国新议会大厦和德国新议会大厦(1992～1999)分别出自迈克尔·霍普金斯和诺曼·福斯特两位大师之手，都位于城市最重要的历史地段，其设计时间相同，建筑规模相仿，就连建筑通风方式都非常类似——机械辅助式自然通风（图4-3、4）。

伦敦的空气污染和交通噪声是设计者不得不面对的现实。霍普金斯没有采取诺丁汉税务中心那样的通风方式，而是设计了一套更为精巧的机械辅助式通风系统。为了避免汽车尾气等有害气体及尘埃进入建筑内部，霍普金斯将整幢建筑的进气口设在檐口高度，并在风道中设置过滤器和声屏障，以最大限度地除尘、降噪。新鲜空气通过机械装置被吸入各层楼板，并从靠近走廊一侧的气孔排出，此后进入利用热压的自然通风阶段。房间内热气体通过房间上方靠近外墙的气孔进入排气通道，最终再次从屋顶排出。进气和排气通道均设置在外墙，彼此平行相邻，每四个开间为一组共用一套进、排气装置。在冬季，冷空气在进入房间之前先与即将排出的热空气进行热交换，这有利于缓解冷空气对人体的刺激，并减少热损失。而在夏天则利用地下水来冷却空气，这使得建筑年设计能耗比税务中心还低90kw/m²。

福斯特在德国新议会大厦的手法与霍氏如出一辙。进风口位于建筑檐口，出风口位于玻璃穹顶的顶部，只不过整个系统更为复杂，机械装置的比例更大。此外福斯特还利用深层土壤来蓄冷和蓄热，并使之与自然通风相结合(在夏季使空气预冷，在冬季使空气预热)，产生理想的节能效果。

第二节　与建筑通风相关的几个概念

一、夜间自然通风与蓄热

使用蓄热材料作为建筑维护结构可以延缓日照等因素对室内温度的影响，使室温更稳定，更均匀，即白天不会因为太阳照射而温度过高，夜晚不会因迅速冷却而温度过低。有关试验表明，高热容

图 4–3　英国新议会大厦通风分析
图 4–4　英国新议会大厦鸟瞰

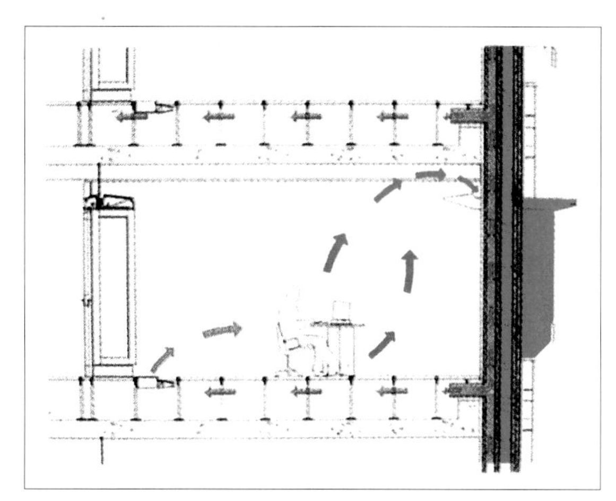

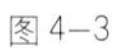

图 4–3

图 4–4

的外墙材料可使房间温度振幅减小 5℃。而且使用蓄热材料不需要任何复杂的技术，因此被广泛地应用在生态建筑中。

但蓄热材料也有其不利的一面。对于夏季来说，蓄热材料在白天吸收大量热量，使得室温不至于过高。但当夜间室外温度降低时，蓄热材料会逐渐释放出热量，使得室内温度升高不下。此外，由于蓄热材料在夜间得不到充分的降温，使得第二天的蓄热能力显著下降。因此，在夏季夜晚（22：00～6：00）利用室外温度较低的冷空气对蓄热材料进行充分的通风降温，是改善夜间室内温度，发挥蓄热材料潜力的有效手段。有关试验表明，充分的夜间自然通风可以使房间白天最高温度降低2℃～4℃（材料蓄性能越好降幅越大）。

二、自然通风与双层维护结构

双层（或三层）维护结构是当今生态建筑中所普遍采用的一项先进技术，被誉为"可呼吸的皮肤"。它主要针对以往玻璃幕墙能耗高、室内空气质量差等问题，利用双层（或三层）玻璃作为维护结构，玻璃之间留有一定宽度的通风道，并配有可调节的百叶。在冬季，双层玻璃之间形成一个阳光温室，增加了建筑内表面的温度，有利于节约采暖。在夏季，利用烟囱效应对通风道进行通风，使玻璃之间的热空气不断地被排走，达到降温的目的。对于高层建筑来说，直接开窗通风容易造成紊流，不易控制。而双层维护结构能够很好地解决这一问题。此外双层维护结构在玻璃材料的特性（如低辐射、除尘、降噪等方面）都大大优于直接开窗通风（图 4–5、6）。

三、建筑通风与太阳能利用

被动式太阳能技术与建筑通风是密不可分的，它的原理类似于机械辅助式自然通风。在冬季，利用机械装置将位于屋顶太阳能集热器中的热空气吸到房间的地板处，并通过地板上的气孔进入室内，实现利用太阳能采暖的目的，此后利用热压原理实现气体在房间内的循环。而在夏季的夜晚，则利用天空背景辐射，使太阳能集热器迅速冷却（可比空气干球温度低 10–15℃左右），并将集热器中的冷空气吸入室内，达到夜间通风降温的目的（图 4–7、8）。

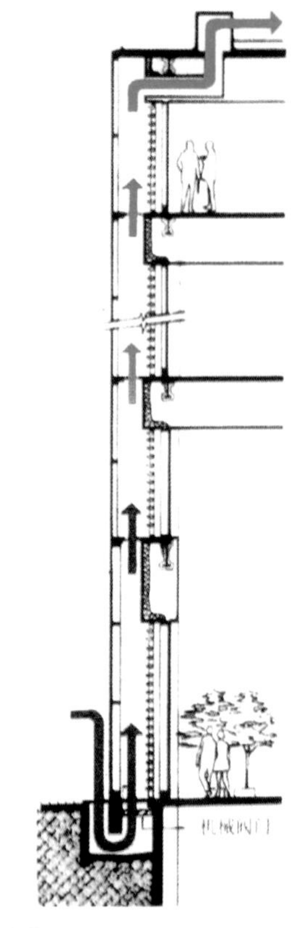

图 4-5

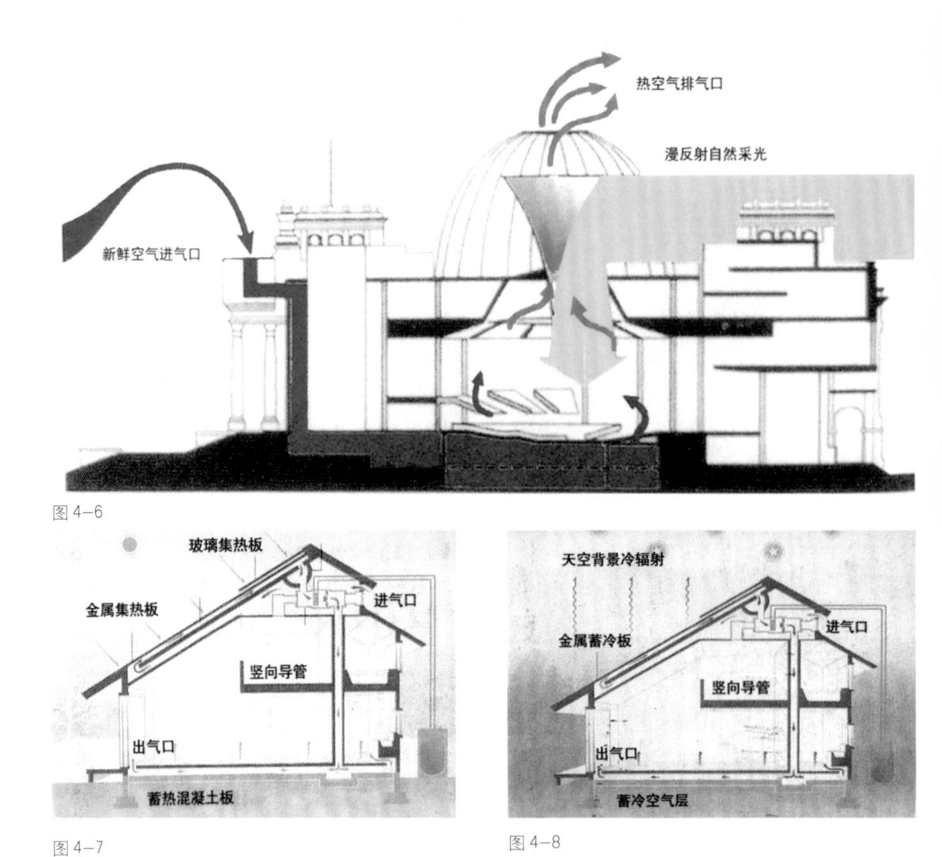

图 4-6

图 4-7

图 4-8

图 4-5　双层维护结构气流分析机械阀门
图 4-6　德国新国会大厦通风分析
图 4-7　太阳能供热分析
图 4-8　太阳能制冷分析

四、建筑通风与计算机模拟技术

前文中多次提到计算机模拟技术（特别是计算流体力学）对于建筑设计的重要作用。当今国外对于建筑人工环境的研究日趋深入，所采取的手段也非常先进。基于流体力学的模拟计算软件，可以给我们提供很多预测性的分析手段，使我们直观地感受可能出现的气流状况，从而为改进建筑设计提供了良好的参考。而有些模拟软件可以根据某一特定地区的气候资料，计算出设计方案中任意房间的全年温度变化曲线，从而对该方案在节能方面的优劣进行评价。

诸如此类的模拟计算对于建筑设计无疑会产生巨大的推动作用。

由于建筑朝向、形式等条件的不同，建筑通风的设计参数及结果会大相径庭，周边建筑、植被甚至还会彻底改变风速、风向；建筑的女儿墙、挑檐、屋顶坡度等也会在很大程度上影响建筑维护结构表面的气流。因此在建筑通风及相关问题的研究上不能陷入教条，必须具体问题具体分析，并且要与建筑设计同步进行（而不是等到建筑设计完成之后再做通风设计）。只可惜我国目前在这方面的研究还比较落后，大部分建筑师尚缺乏相关意识，各工种之间的合作也有待改进。但随着我国建筑及相关行业的迅速发展，随着可持续发展的设计理念得到越来越多的重视，建筑自然通风及相关技术必将成为建筑师关注的焦点。

第三节　建筑中的雨水收集利用

德国是世界上在雨水收集利用方面最先进的国家之一，通过对波茨坦广场等德国建筑的考察研究，展示了雨水收集利用在德国建筑中的广泛应用。以及在不同类型和不同规模的建筑中采取不同的雨水收集利用的措施。同时分析了德国的公共政策在推动雨水收集利用的广泛应用中所起的重要作用（图4－9、10）。

城市雨水的收集与利用不仅是指狭义的利用雨水资源和节约用水，它还具有减缓城区雨水洪涝和地下水位的下降，控制雨水径流污染等功效。改善城市生态环境等广泛的意义。随着城市化带来的水资源短缺和生态环境的日益恶化，从1980年起，欧洲国家以及日本等发达国家相继开展了对雨水进行收集与利用的研究。目前，城市雨水的收集与利用已发展成为一种多目标的综合性技术。目前应用的技术可以分为以下几大类：分散住宅的雨水收集利用中水系统；建筑群或小区集中式雨水收集利用中水系统；分散式雨水渗透系统；集中式雨水渗透系统；屋顶花园雨水利用系统；生态小区雨水综合利用系统（屋顶花园，中水，渗透，水景等）。

德国位于中欧，属于温带气候，年降水量在 0.6m左右，而且降雨在年内和年际间分配均匀，十分适合进行雨水的回收、储存和再利用；同时因为整体生态环境的良好状况，使德国的屋面雨水水质较好，经过截污装置和简单的过滤就能满足杂用水的要求。为了维持良好的水环境，德国长期致力于雨水收集利用方面的研究和开发。1989年德国就发布了雨水利用设施标准（DIN1989），对商业、住宅等领域在雨水收集利用的各个环节制定了标准，涉及雨水利用设施的设计。施工和运行管理，以及雨水的过滤、储存、控制和监测等四个方面。1995年，德国成立了非营利性的雨水利用专业协会。2001年9月10日至14日，第10届国际雨水收集利用大会（10th IRCSA Conference）在德国中部城市曼海姆举行，来自68个国家和地区各种组织机构的400多位代表出席了会议，德国在雨水收集利用的产业化和标准化方面取得的成就成为与会代表关注的重点。目前，德国的雨水利用技术已发展到第三代，其特征是设备的集成化，尤其是对于屋面雨水的收集、截污、储存、过滤、渗透、提升、回用和控制等方面，已形成了系列化的定型产品和组装式的成套设备。德国已成为世界上在雨水收集与利用方面最先进的国家之一。

在对德国生态建筑的考察过程当中，可以看到几乎所有的建筑项目都考虑到了城市雨水的收集和再利用。不论是波茨坦广场这样的大面积商业区，还是私家住宅这样的居住建筑，都根据不同的实际情况，采用不同的技术措施，尽量使屋顶和地面的雨水能够被有效收集，储存起来，再根据需要加以利用。无法完全收集的雨水也尽量使之回渗入地下，涵养地下水。考察当中典型的进行雨水收集利用的公共建筑有柏林的波茨坦广场、法兰克福的生态方舟办公楼等。

1998年建成开放式的波茨坦广场是

图4－9

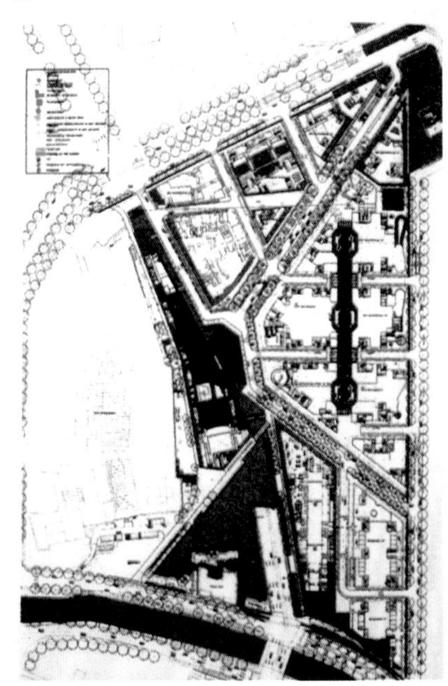

图4－10

图4－9　波茨坦广场主要水面和雕塑
图4－10　波茨坦广场总平面图

图4-11　波茨坦广场主要水面和周围的休息者
图4-12　波茨坦广场音乐厅前跌落的水面
图4-13　波茨坦广场地下的控制室

图4-11

图4-12

图4-13

两德统一后开发建设的欧洲最大的商业区，总占地68000m²，其中规划出13042m²的城市水面，占总用地的19%。这些水面分为4个各自独立的系统（其中北侧水面1070m²，音乐厅前的广场水面716m²，三角形的主要水面9378m²，南侧水面1878m²），总共可收集容纳15000m³的雨水。由北至南的水面在北侧与城市绿肺相呼应，南部紧邻兰德维尔运河使整个城市的生态系统更加完整。建造这些蓄水池总共耗费了6100m³的混凝土，440吨的钢材，3km长的输水管道、3km长的电缆和能够覆盖13600m²的密封剂。为了避免发生泄漏，在蓄水池的底部和侧边都做了两层合成材料的防水层，并在两层防水层之间固定了很多感应器。这些感应器可以发现防水层发生的任何破损，并将破损的位置确定在0.5m以内。

由于柏林市的地下水位埋深较浅，要求建成的波茨坦广场既不能增长地下水的补给量，也不能增加雨水排放量。因此，通过屋顶和硬质地面收集到的雨水全部进入主体建筑和广场地下层的储水箱。在那里经过初步的过滤和沉淀，雨水当中较大的悬浮物会沉积下来。经过沉淀的雨水通过地下层控制室里的19个水泵和2个过滤器进入各个大楼中的水系统用于冲厕、浇灌绿地等，还有一部分被送到地上的水面。但这些雨水首先进入的是地上水面的"净化生境"中，水的净化和二次过滤在这些"净化生境"中完成。这些"净化生境"由种植成篱笆一样的芦苇等水生植物和培养在上面的净化微生物构成。北侧水面的净化生境每小时净化30m³的雨水，南侧水面每小时可净化100m³的雨水，而主要水面的净化生境与3个水泵配合每小时可净化150m³的雨水（图4-11～13）。

目前地面水池中的水一部分来自收集的雨水，一部分来自城市的供水系统。当水面因为蒸发而下降时，由水泵和测量装置构成的2个自动控制系统便会用地下储水箱中的水进行补充。每个自动控制系统还有两个监测装置不断地监测水中磷、氮、碳、氧的含量和水的PH值

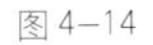

图 4-14

图 4-15

图 4-14　盖尔森基兴矿工住宅小区内的渗水池
图 4-15　汉堡生态村内的生态沟

来控制水质的变化。有一个独立的生态组织每年不断分析并报告有关水质的数据，这也保证了水面的水质。从目前看，波茨坦广场的城市水面在全年都保持了较低的营养度和较好的透明度。

与当初规划设计时预想的一致，城市水面已成为一个包含多种有机体的富有活力的动态系统。除了"净化生境"的作用外，还有一些不可避免的自然原因，例如藻类和其他生长在水底的水生植物在水中自然生长，一些鸭子等水禽也来这里安居。2001 年春天，226 尾鲤鱼在这里放生以平衡整个系统，它们的食物来源就是水中自然生长的藻类。生态系统的改善也使城市景观更加吸引人，不仅是有好的水景，还能让人在繁华的闹市中感到与自然的和谐相处之感。现在，波茨坦广场的水面让游人无不流连忘返，也成为商业区中的工作者和居住者休闲放松的好去处。

法兰克福的生态方舟办公楼，出租给一些医生、律师等小型事务所。规模不大的办公楼里运用了屋顶绿化、雨水收集等多种生态技术。其中，收集来的雨水一方面作为室内外及屋顶植被的浇灌用水，另一方面还起着改善小气候，创造室内外景观方面的重要作用。生态方舟办公楼和街道之间是一长条的水面，利用的正是收集来的雨水。水中种植着芦苇、莲花等水生植物，与各种鱼类及微生物形成了一个生态群落。跨过水面上的桥进入室内，可以看到利用高差和绿化形成了曲折变化的室内景观。而收集来的雨水在设定的淌槽中奔腾流转，潺潺的水声让人如同置身于自然山水之中。

由于居住小区在总体布置、面积大小、道路规划、建筑设计及园林水景设计等方面差异较大，所以在雨水收集利用的技术采用上很难形成统一的标准。虽然德国的技术指标（DIN1989）和集成化技术主要是限于雨水的污染控制和截污，但有类似行业标准的 ATV 技术手册与指南对居住小区的雨水渗透和净化提供指导。德国的生态小区在雨水收集利用方面采用的技术虽然不尽相同，但却各具特色。

弗莱堡的生态试验住宅区因为规模较小，主要采用单户雨水收集利用技术，每家每户都将屋顶的雨水利用定型的管道收集到专门的蓄水桶中进行过滤和净化，溢出的雨水通过绿地等可渗透地面回渗入地下，而每家每户储存起来的雨水可以在平时用来洗车或浇灌各家的花园。

德国的盖尔森基兴的日光村除了采用单户雨水收集利用技术外，还在小区中心规划了渗水池，通过管道将小区硬质铺地上无法渗入地面的雨水收集并导入渗水池。渗水池一方面可以改善小区的微气候，另一方面还将雨水回渗入地下，补充涵养地下水（图4－14）。

汉堡的生态村同样也规划设计了渗水池，但在收集导入雨水方面采用的是地表明沟传输的办法。规划中构造了一条贯穿小区的明渠，也称为生态沟。所有地面雨水都汇集进入生态沟。生态沟底部采用防渗处理，以保持稳定的水面；若水量过大，会溢过防渗层渗入地下。生态沟模拟天然水流蜿蜒曲折，两侧绿化植被自然生长，成为小区特有的景观（图4－15）。

德国的雨水收集利用技术可同其他生态技术很好地相互结合。例如，屋顶绿化的培养基用多孔的矿渣和土壤按比例混合，能够很好地涵养落到屋面上的雨水并供给植物；而选用的植物也是那些叶囊较厚、蓄水能力强的品种，利用雨水就可以存活。莱比锡新会展中心的玻璃大厅采用了雨水降温系统，在温度高的时候利用收集来的雨水对巨大的拱形玻璃大厅进行降温。

总之，德国在商业建筑和居住建筑中广泛应用雨水收集利用技术并将雨水的传输和储存与城市景观建设和环境改善结合起来，有效地利用了雨水资源，补充涵养了地下水，改善了微气候。同时减轻了污水处理厂对雨水处理的压力，节省了自来水供水，增加了城市景观，取得了一举多得的效果。

德国之所以能在雨水收集利用方面取得显著成就，一方面与民间机构和公民的环保意识不断加强有关；另一方面是德国联邦和各州的议会和政府关于雨水收集利用的公共政策起到了关键作用。自从汉堡于1988年颁布了最早的对建筑雨水收集利用系统的资助政策后，在1990年代，黑森州、巴登州、萨尔州等德国其他各州也相继颁布了涉及雨水收集利用方面的法规，给市政当局或地方团体以权力来强制推行雨水收集利用，或是征收地下水税，以资助包括雨水利用在内的节水项目。

目前德国联邦和各州的有关法律规定，受到污染的降水径流必须经过处理达标后方可排放。所有的商业区和居住区都要根据屋顶和硬质铺地的面积缴纳相应的雨水排放费，而雨水排放费和污水排放费一样高，通常为自来水费的1.5倍左右。而采用了雨水收集利用技术的商业区和居住区，根据其收集技术能力免收相应的雨水排放费．德国的法律还严格规定，新建或改建的开发区开发后的雨水径流量不得高于开发前的径流量，以迫使开发商采用雨水收集利用措施，开发商在进行开发区规划、建造和改造时．也都将雨水收集利用作为重要内容考虑，结合开发区水资源实际，因地制宜，采用相应的收集利用技术，将雨水收集利用作为提升开发区品位的组成部分。

第四节　水资源的循环利用

为了节约用水，德国许多城市都规定雨水必须收集利用。在德国生态村，几乎所有住宅的屋檐下都安装半圆形的檐沟和雨落管，小心翼翼地收集着屋面的雨水。收集起来的雨水用途甚广，有些生态村把收集的雨水用作冲洗厕所，有的用来浇灌绿地，也有的把雨水放入渗水池补充地下水。厕所冲洗用水占到生活用水的1／3～1／2。为了节约冲洗用水，汉堡的乌恩霍夫·布拉姆威奇生态村的住户采用了一种不用水的"旱"厕所。这种"旱"厕的马桶与普通马桶外观完全一样，但"旱"厕马桶下有一根很粗的管子直通地下室的堆肥柜，粪便在堆肥柜里发酵成熟，由于地下室设有通风系统，堆肥柜也设有通风管伸出屋顶，平时不打开堆肥柜就不会有臭味。这种厕所每月只需抽一次尿液撒一次盐和一些小片树皮以便加快发酵。这比每天清洗厕所要省事，而且几年才需掏一次肥，掏出的肥可施放到花园中作肥料。这种厕所需建地下室并加一些设备，要花1万多马克，但由于汉堡市排污费比水费高2倍，这种"旱"厕又不需要排污，因此经济上也是省钱的（图4－16、17）。

不少生态村对生活污水都采用生物技术进行处理，这种技术既经济，净化效果也很好。净化后的水作为生态村的景观用水，绕村缓缓流入村里的渗水池。

图 4-16　德国生态村中的雨水收集
图 4-17　德国生态村中的雨水收集
图 4-18　法兰克福生态方舟办公楼内的水景
图 4-19　法兰克福生态方舟办公楼前的水面

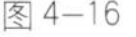

图 4-16

图 4-17

图 4-18

图 4-19

"水渗透"在德国是一门专业技术，渗水速度既不可太快，又不可过慢。这种渗水池需由专业公司设计施工，渗水池的土壤下面是砂子，再下面是小石砾，由专业公司配制。渗水池里大多种植了芦苇，处理后的污水，在此再由沙土和芦苇根须自然净化后渗入地下补充地下水。由于德国洗涤多用普通肥皂，对水的污染很轻，净化起来也就比较容易。

这种污水处理方法，省掉了铺设排污管，还可少交许多排污费，处理后的污水又可成为生态村的景观用水，既可美化环境，又能最后渗入地下补充地下水。

在德国生态村里往往只有一个很小的渗水池，点缀环境成为景观，很少见到像国内一些住宅区那样开挖大面积人工湖，用自来水作水源制造人工水景的。德国有些城市目前并不属于缺水城市，但对水资源还这样珍惜和节约，很值得我们深思（图 4-18～20）。

图 4–20　城市景观中采用很小的渗水池点缀环境

师生互动

学生：我们上网查找相关资料，发现国际上对绿色建筑的称谓与我们有所不同。不同在哪？

老师：相关建筑称谓的国际理解：

健康建筑(Healthy Buildings)——一种体验建筑室内环境的方式，不仅包含物理量测量值，如温湿度、通风换气效率、噪音、光、空气品质的，还包含主观心理因素，如布局、环境色、照明、空间、使用材料等，另外加上如工作满意度、人际关系等项，移动健康建筑必须包含以上所有各项 (Healthy Buildings 2000芬兰国际会议)。

高效能建筑 (High Performance Buildings) ——指在各方面都有最佳表现的建筑物。它必须在使用和管理方面结合高度的舒适和品质，且有吸引人的建筑设计，而不仅仅是注重经济可行性和能源效益。

中国高等院校

THE CHINESE UNIVERSITY

21世纪高等院校艺术设计专业教材

建筑·环境艺术设计教学实录

CHAPTER 5

概述

国际经验

建筑环境大面积植被化

第五章　建筑环境大面积植被化

第一节　概述

全球化城市进程在加速，自然土地资源被大量的城市建筑物、构筑物、广场和其他场所所替代，自然植被资源的消失率远远大于其再生率，自然环境受到极大影响。伴随着城市化的高速发展，同时也导致了城市气候的改变，这种改变已经影响到世界50%人口的生活。人类生物圈中的废弃物污染了城市生存空间，甚至还危及到了城市植物、生物的生存。城市中自然土地资源的过度开发，铺天盖地的硬化城市覆盖面，割断了自然循环链，热辐射被硬质城市贮存和释放。一方面地面丧失了保水能力，雨水不能返回土地，地表水面干枯或萎缩，过度的地下水开采导致地下水面极度下降，大城市普遍存在水源不足，城市日趋严重的用水供需失衡加剧了城市生存空间发展的潜在危机；另一方面城市排水管网负荷与日剧增，城市基础设施不堪重负，城市建设价格不断上涨。城市排放的碳氧化合物和气体在城市上空形成了一个罩，即常被人们说到的温室效应。使城市中间的热量无法散去，大城市普遍存在城市热岛现象。城市内部噪音、粉尘充斥、空气被污染。城市失去了良性的自然生态环境，自然调节能力极度下降。城市效率逐渐低下……这一系列现代城市问题被称之为城市化过程中的“城市板结现象”。

对城市大量的建筑物、构筑物、道桥、路轨、步行道等，在其三维空间体的表面，尽可能多的覆盖植被层，在城市建筑的立面、屋面、围墙以及城市公路、公路的防噪板墙，城市空间中的维护栏杆、隔断、坡道、城市轨道交通道路的路基上；在城市的垂直的、水平的、斜向的多维空间中，强化栽培各种植被覆盖层，利用植物特性和其特有的环境调节功能，来消解城市“板结现象”所带来的城市热岛效应，消解城市环境污染、气候反常等一系列影响城市可持续发展的“大城市病”，是先进国家所采取的对策。

城市建筑物大面积植被化的城市生态功效是鉴于植物的光合作用、蓄水特性和滤水性能。它的吸尘能力，对温度的辐射和空气湿度的调节能力，以及它对城市季风运动的影响和消解，城市噪音的功效等方面城市建筑大面积植被化，将针对所确定的建筑物，因地制宜的选用能够适应所在城市气候的、土生土长的，具有较强洁净环境能力的。最易栽培、成活、耐寒、耐旱和最少养护需求的，四季都发生环境效应的植被物种。建

图5–1　城市建设大量吞噬着自然植被

图5–2　北京卫星遥感照片呈现出的城市板结现象

图 5–3 植被化屋面
图 5–4 植被化公路防噪墙

图 5–3

图 5–4

筑物大面积植被化，是将建筑物单一的结构维护功能，转变成同时具有光合作用的建筑物表面层。通过对植被覆盖层的植物和地面植物整合成植被走廊，形成城市冷桥空间，连接城外田园所产生冷空气的地区。为被高密度硬化建材覆盖的中心市区，提供舒适的新鲜空气，减少城市热岛影响。

为了改善一个小生态气候以及城市水环境的贯彻实施，建筑物大面积植被化是在对植物社会学、地理学和城市生态学的分析基础上，以构建城市生态立法和行政纲领为有利契机，是对法制建设以及行政工作手段的综合效益的回顾与展望的有效的考验。建筑物大面积植被化能得以贯彻实施，也是上述诸多要素的综合作用的结果。"城市建筑环境植被化"是以城市生态工程的一项可持续的城市发展为目标，并基于国家经济发展和资源状况，切实可行的城市生态工程科研项目。它结合并运用生物或植物技术对城市进行城市设计、建筑设计和景观设计，进而在城市中实施，旨在改善城市生存空间的气候、空气卫生状况，并且部分地消解城市污染问题。

在德国，所有85%的建筑物表面的植被化都受到国家法律保护。它们在生物和准生物领域与城市建筑领域相结合方面已完成了许多研究课题。我们在德国访问期间，其成熟的技术、工艺和大量的研究成果都给我们留下了十分深刻的印象。德国的经验在中国的许多地区都具有相当的适应性，是值得我们借鉴学习的。

回顾历史，发达国家在"城市化"进程中也同样出现过城市"水泥化"不断蔓延的状况，城市边界无控制地不断向外扩张，所导致的"城市板结"现象也存在过。以德国为例，其每年被建筑所吞噬的良田面积就高达2000hm^2。从生态学角度来看，这是一个十分值得关注的大问题。针对发展和环境保护两者的矛盾，德国科技界制定出了"建筑物大面积植被化"这一城市生态工程方案。它的提出本身就是对已往"建筑罪孽"的反叛，无疑是人类修复建设性破坏的一剂良药（图5－1、2）。

针对城市建筑和城市发展是有意识

或无意识的破坏自己所生存的自然和人文环境的问题上，"建筑物大面积植被化"则是一种在发展中改善环境的有益尝试。在城市化过程中，它是一项运用城市生态工程和景观生态学的科学原理，为城市核心地区的可持续发展提出的革命性的城市生态宣言（图5－3～5）。

德国从很早以前就开始了对"建筑物大面积植被化"的探讨和研究。建筑师拉比兹·卡尔，早在1867年巴黎的世界博览会上，就展现了他创作的"屋顶花园"模型，在当时引起了极大的轰动。柏林在1920年起就完成了大约2000个屋面的植被化工程。1927年，在柏林的卡斯达特超市连锁百货公司4000m^2的屋顶上，创造了当时世界上最大的屋顶花园。此后，德国一直保持着在这个技术领域中的领先地位。时至今日，全德国有近1亿m^2、首都柏林近45万m^2的建筑物屋顶已被植物覆盖，许多建筑表面完成了立体植被化。

总之，面对急速发展的城市化潮流，在固有的城市空间中急需解决的问题有：城市"空间板结"——亟待软化；城市环境污染——亟待净化；城市景观混乱——亟待美化；城市形态破碎——亟待整合；城市原有物种消亡——亟待拯救……在城市建筑物的垂直面、水平面、倾斜面上的运用与其基础相适应的植被技术体系——"建筑物大面积植被化"技术体系，为上述诸问题提供了一个解决方案。

第二节 国际经验

一、按照德国的经验，城市建筑环境大面积植被化有十大生态功能

1.大面积植被化改善城市小气候

将"防暑"变为"消暑"，有效地控制城市热岛效应，改善城市小气候（图）。

由于城市空间的板结，针对其导致的城市温室效应和城市热岛现象，利用植被光合作用的特性，"建筑物大面积植被化"能够有效地调节城市核心地区的二氧化碳气体浓度，调节空气温度和湿度，改善城市环境的小气候（图5–6、7）。

2.将雨水还给大自然

雨水落在植被化屋面上，50%～90%将会被植被的根系所吸收所储存，通过植物光合作用所产生的驱动力，植物泵可将大部分积水蒸发，剩余的小部分通过檐口和落水管排除。这部分雨水一部分可以直接返还自然地面补给地下水，另一部分可以排给社区水面形成城市生态循环链。同时，这个措施将大大缓解城市排水管网不足的压力，节约城市市政管网的建设投资。

3.凝结城市粉尘、吸附城市有害物质，锐减城市大气污染

建筑物大面积植被化可以用其大面积的植被叶面吸附大气中的10%～20%的粉尘污染，还部分地吸收空气和雨水中所含的硝酸盐或其他有害物质。植被生长还可以大量地消除碳氧化合气体适放出氧气，改善城市空气质量。那些被吸收和凝结的污染物将被植被作为营养所利用和吸收。

4.改善在强烈日照和急剧温差等自然力作用下，城市建筑物防水材料快速老化的问题

强烈的辐射热，冰雹的袭击，严寒或酷暑所造成的戏剧性的巨大温差变化，都会加速防水层建筑材料的老化，严重的损坏建筑屋面质量。当屋面防水层结构被置于植被化的覆盖层下时，因受到植被层的保护，建筑材料的寿命将会大大增加，因此也可以大大减少城市建筑一般性维修费用。

5.吸收部分城市噪音，降低噪音对城市生活的干扰

建筑物大面积植被化的植被叶面分布是多方向性的，对从一个方向来的声波起发散作用。其软质覆盖面与建筑外表面之间形成的夹层，可以有效地消耗城市噪音能量，吸收部分噪音，降低噪音对城市生活的干扰。被自然化的建筑可以改善其反射3db，并可以提高8db防噪层的防噪效率。尤其是地处空中走廊或舞厅等的娱乐设施所在，或是在所在地的强烈噪声源旁的建筑都有较强的防噪要求，植被化的建筑可以充分体现出其防噪的优越性。

6.为再塑城市生态链创造环境基础

建筑物大面积植被化建立的人造生态小环境，为城市小生物提供了可生存空间。甲虫、蜘蛛、蚂蚁、蠕虫和蜗牛等昆虫或其他小生物，都可以在建筑物大面积植被化的集床上建立自己的家园，建筑物大面积植被化为他们提供了生存空间，而他们又为飞禽鸟类提供了食物

图 5-5

图 5-6

图 5-5　城市广场绿化
图 5-6　柏林波茨坦广场建筑群体的大面积植被化
图 5-7　屋面植被化所创造的小环境
图 5-8　植被化道轨轨基
图 5-9　柏林居住建筑院落里的立体植被化

图 5-7

图 5-8

图 5-9

来源，建筑物大面积植被化弥合了生态圈内的食物链。

7.作为一种城市消防措施

针对飞星失火或强烈的辐射热所引起的火灾现象，建筑物大面积植被化不失为一个好的防范措施。

8.为城市建筑穿上了一层绿色外装，成为建筑物的附加保温层

由于植被叶面的向阳面和背阳面有着明显的温室效应，利用这个特性，植被叶面好像为城市建筑穿上了一层绿色外装，这件外套成了建筑物的附加保温层。通过这个措施，可以改善建筑保温性能，同时还减少城市能源消耗和因能耗所产生的环境污染问题（图 5-8、9）。

9.软化城市“水泥化”所造成的城市僵硬的形象

大面积植被覆盖层，可以为城市建筑穿上五颜六色的外衣，软化目前城市建筑的僵硬感。随着四季的变化，大面积的植被饰面，可以在大格调和谐统一的前提下，大大美化城市，城市的面貌将丰富多彩，城市空间将充满诗情画意。

10.城市建筑屋面将被再次开发和利用。作为城市立体空间休闲场所或空中菜园

从“屋顶花园”到“屋顶咖啡厅”、“屋顶游乐场”，“建筑物大面积植被化”为公民提供了更加多种多样的立体空间活动场地。在需要时屋顶还可以为城市提供

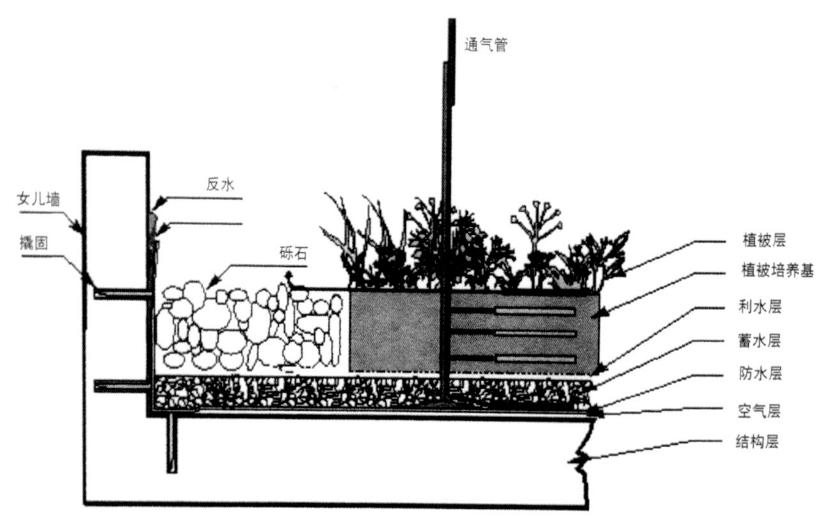

图 5–10　植被座床的建筑基层构造示意图

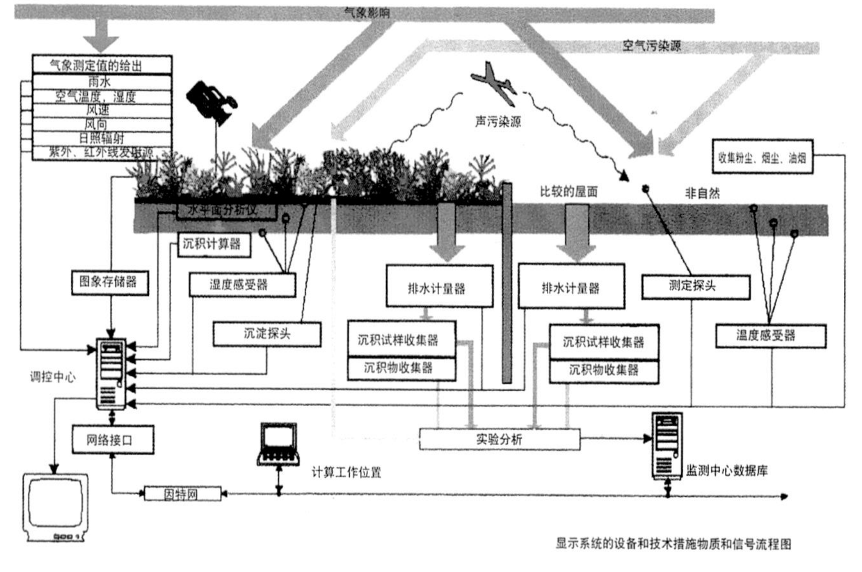

图 5–11　城市生态环境监测系统示意图

蔬菜、水果或变成屋顶操场。

二、屋面植被化与自然的绿化

建房必须偿还一定面积的绿化，这是德国许多地方的规定。偿还绿化有两种方法：一种是交钱由国家绿化；另一种是由建房者采取各种强化的绿化措施，如进行立体绿化来偿还。在生态村里扩大绿化的重要技术措施就是实现屋顶的绿化（植被化）。屋顶绿化有许多好处：夏天可以吸热防晒，对改善建筑屋顶的隔热性能有显著作用；冬天屋顶上的种植层，又起到了保温作用。屋顶植被化，不仅扩大了绿化面积，而且改善了建筑物的热工性能，起到建筑节能的作用。德国为解决屋顶的绿化问题作了大量的技术研究，首先是对绿化的植物品种进行了筛选，选出许多本地耐旱型植物。为使植物种植后能形成有活力的生态系统，植物品种要进行合理搭配，一般要多于9个种类。此外对屋面种植层的厚度、材料成分、构造措施也作了深入的研究。屋顶的种植层由小卵石、矿渣及陶粒等组成，一般约7～9cm厚。汉诸威市拉哈维森住宅区采用北欧的技术进行屋顶绿化，屋顶厚19cm，用塑料作防水材料。德国研制了可在30°～90°的坡度上进行种植的新技术，并有35种用于植被技术。屋顶绿化后，由于种植层有大量孔隙，下雨后可吸收50%的雨水，供屋顶植物使用，因此一般都不需要对屋顶植被进行专门管理。耐旱型植物很容易通过石子孔隙向下扎根，德国各地生态村屋顶上如不安装太阳能装置，就进行绿化，大大小小屋面上长满茂盛的绿草，这成了生态村住宅的一个特殊景观。

德国生态村里很难见到大量人工雕凿的绿化环境，而是展现出十分强烈的质朴、原始、自然的特点，这是我们所料未及的。

生态村每个住户庭前屋后的绿地一般由住户自己种植管理，公共绿地由社区共同管理。住户门前门后的小片园地栽满住户自己喜爱的普通花卉、草木，夏天葱葱茏茏的树木为小区带来一片片浓荫，充满了活力和生趣。生态村的许多户外活动设施和景观是居民协商后自己动手制造的，其中甚至包括小图书馆、儿童游戏场等。材料原始、制作粗糙、经济实用、朴素。

在生态村里没有像我国住宅区室外大面积铺砌的广场砖和花岗岩的情况。德国生态村环境景观中给人们印象特别

图 5–12　板结化城市与经过城市建筑物大面积植被化后的城市生态环境状况对比示意图
图 5–13　城市小巷绿化
图 5–14、15、16、17　生态村的屋面绿化

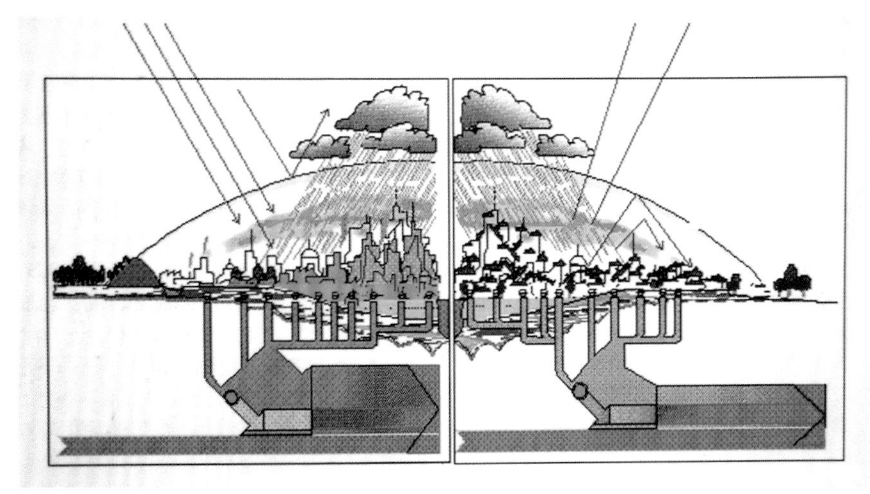
图 5–12

图 5–13

图 5–14

图 5–15

图 5–16

图 5–17

深的是长满野草的土水沟和开放着芦花的渗水池，这些水景呈现出的是原始和自然的美，成为生态村里的一道风景。

建筑物大面积自然植被化，能够有效地利用城市资源、亲和自然、保护环境、净化环境、美化环境，为城市生命种群提供了得以生存的小环境，为人们创造一种舒适、健康、安全、美好的城市生活空间。当然，面对城市化现象中如此错综复杂和多变的城市环境问题，不是仅靠一项举措就能够扭转的。城市问题的最终解决还要依靠人类理性的反思和发展科学技术来对城市环境进行综合治理，恢复和再生良性循环的城市生态。但无论如何，建筑物大面积植被化提供了城市生态的可实施性方面重要的例证，它证明人们能够运用生态学观念和城市生态工程原理，通过城市设计，并运用上述理论基础为开发出来的相应技术措施，有效地控制和改善城市发展，重新恢复良好的城市环境质量，再造我们理想的城市生存空间。它是生物科学与建筑科学结合的产物，是在城市化进程中的一场“生物学——建筑学”革命，是创建城市生态的一种有效途径（图 5–10～18）。

图5-18　绿化得十分美丽的广场，供人们休息

师生互动

学生：如何创建适合人居的绿色住区环境？

老师：绿色住区环境是一种以生态学基木原理为指导，进行规划建设和经营管理的城镇人居环境，是具有优化的生存条件和使人们能够持续健康发展的生活空间，是自然资源消耗少，能源消耗少、无污染，无公害，具有地方特色的高质量，高性能、高品位的住区环境空间场所。

中國高等院校

THE CHINESE UNIVERSITY

21世纪高等院校艺术设计专业教材

建筑·环境艺术设计教学实录

建材方面

其他方面

材料绿色化、技术集成化、成品产业化

几点启示

CHAPTER 6

绿色材料的应用

第六章　绿色材料的应用

第一节　建材方面

一、TIM 材料

在建材方面，20世纪90年代国际上已采用一种透明绝热材料（Tran—sparent Insulated Material），简称TIM。它是一种透明的绝热塑料，可将TIM与外墙复合成透明隔热墙（Transparent Insulated WaLL，简称TIW）。TIW的前身是在漆成黑色的墙壁外再加上一层玻璃，其主要作用是减少因对流造成的热量损失，但热损失依然很高。TIW层是由保护玻璃、遮阳卷帘、TIM层、空气间层、吸热面层和结构墙体组成。TIM层做成透明蜂窝状，圆形的蜂窝状可最大限度地节约材料。蜂窝两侧粘有透明隔片，使蜂窝成密闭的透明孔，这样吸热面层不仅可以得到太阳辐射热，还可以得到TIM的反射能。TIM的在黑色吸热面外侧，在冬季可阻止吸热面向室外散热，在夏季可避免室外过多的热量进入室内。玻璃内的遮阳卷帘（卷帘外表面为高反射面）可调节抵达墙面的太阳辐射量。据统计使用TIM的建筑每年可节约能耗200Kw.h／m^2，能完全或部分地取消常规采暖。在20世纪90年代的德国，它的价格为900～1200马克／m^2（1马克≈3.65元人民币）（图6—1）。

二、玻璃材料

玻璃材料的保温技术也是生态建筑节能的关键之一。随着现代科技的不断发展，在这一领域陆续出现了吸热玻璃、热反射玻璃、低辐射玻璃、电敏感玻璃、调光玻璃、电磁波屏蔽玻璃等。设计人可将它们组合成复合的构造形式，来达到生态建筑的保温和采光要求。下面简要介绍几种先进的复合玻璃的性能：

1.吸热中空玻璃或热反射中空玻璃

吸热玻璃或热反射玻璃都是以吸收或反射的方式遮避太阳辐射热，但传热系数却很高。将这两种玻璃与普通玻璃组合，中间封入特种气体做成中空玻璃，其传热系数将大大降低。这种复合玻璃既能使太阳辐射热的进入得到适当控制，又有较好的保温性能。

2.低辐射中空玻璃

这种玻璃也是由低辐射与普通玻璃复合而成。由于低辐射中空玻璃对于太阳光的高透过率和对于长波辐射热的高反射率，使其具有极好的保暖性能，适合于以采暖为主的寒冷地区使用。

3.低辐射——热反射中空玻璃

将热反射玻璃放置在外侧，低辐射玻璃放置在内侧复合而成。它既能极好地遮避太阳的辐射热，又有极

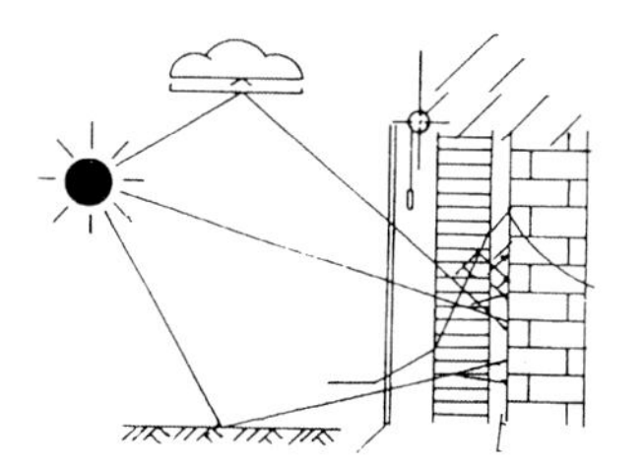

图 6–1　TIM 墙的保温隔热原理

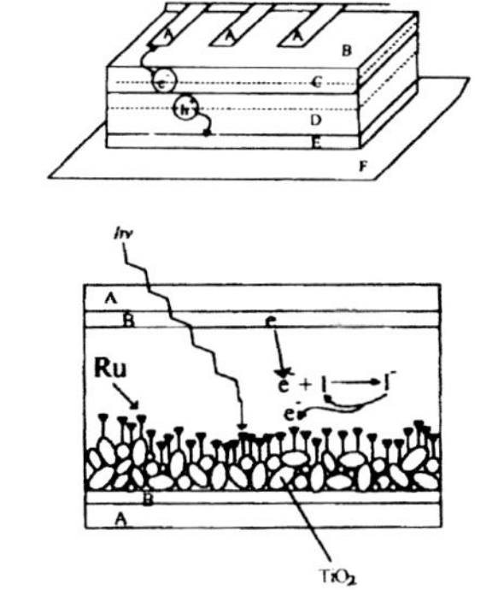

图 6–2　二氧化钛太阳能工作原理

图 6–3　日本利用太阳能集热系统的集合住宅

低的传热系数，是一种理想的组合。

4.硅气凝胶特种玻璃

硅气凝胶是一种聚合物，外观如同有机玻璃，轻质透朗而坚硬，是一种效能特别高的保温隔热材料。其保温性能比同样厚度的普通泡沫塑料大4倍，在未来的玻璃产品中掺入硅气凝胶，可使门窗的保温隔热性能大幅度提高。

三、太阳能光电材料

在建筑中利用太阳能电池发电为建筑提供能源，既无污染，又无噪音，并由可再生能源提供燃料，它的初始原型是1908年由美国发明家弗兰克·舒曼(Frank Schuman)发明的，目前已广泛运用于航天和电子装备上。但由于价格和效率的制约，在建筑中一直不能得到推广。在美国，普通电费才8美分／度，而太阳能发电成本为30美分／度；而德国用于建筑上的太阳能硅电池价格约为1500马克／m^2，每平方米的电池板每年可提供价值约75马克的电力，很不划算。要改变这种状况，首先要改进技术，大幅度地降低成本，还要通过国家出面进行政策上的干预和经济上的引导。太阳能发电目前仅在一些试验性的生态建筑中使用。位于瑞士洛桑的瑞士联邦技术研究所的格莱泽尔(Michel Gratzel)教授，在1991年仿照叶绿素的光合作用原理制作了第一个二氧化钛(TIO_2)太阳能电池，世人称之为"格莱泽尔电池"。这种太阳能电池估计可以使用20年。在阳光直射时，格莱泽尔电池的光电转化效率为10%；在阴天时，它的效率更高，达到15%，这是太阳能硅电池望尘莫及之处。据称，格莱泽尔电池的价格只有晶体硅太阳能电池的1/5。这是因为二氧化钛是一种很便宜的天然矿物，目前广泛用于制造牙膏和涂料(即钛白粉)，据说建造1m²的二氧化钛薄膜只需人民币1.3元(图6-2)。

举世瞩目的悉尼奥运会的许多比赛设施中，也充分利用了太阳能技术，为奥运会的成功举办增光添色。在奥林匹克大道上，矗立着19座像起重机吊臂一样的奇怪建筑物——多功能塔，它们安装了1524块高效率的光伏电池板，每年可发电1673kw。除能够满足塔自身用电需要和路灯照明外，还可向当地电网售电。这套被命名为"奥林匹克大街太阳能发电系统"，获得了当地1999年度优秀工程设计奖。在运动员村的629栋住宅各自安装有光电池太阳能板，这些电池板与水平面约成8°倾角。在电池板的下面，装有功率为4kW的电流转换器，以便把太阳能电池产生的直流电转换为交流电。每块电池板的最大功率为60W。这套屋顶太阳能发电系统同样与地方电网联网。

日本通产省资源能源厅不久前决定，自2000年度开始着手太阳能发电系统制造技术的开发。要加速此系统的普及，必须大幅度改进现有系统的生产效率，确立低成本的制造技术。为此，在2000年度的预算方案中列入了12.4亿日元的投资。资源能源厅计划在2004年正式普及太阳能发电系统(图6-3)。

随着技术的日新月异，太阳能电池可与建筑材料和构件融为一体，构成一种崭新的建筑材料，成为建筑整体的一部分，如太阳能光电屋顶、太阳能电力墙(Powerwall)以及太阳能光电玻璃。这三种材料有很多优点：它们可以获取更多的阳光，产生更多的能量，还不会影响建筑的美观，同时集多种功能于一身，如装饰、保温、发电、采光等等，是未来生态建筑复合型材料。

1.太阳能光电屋顶

这是由太阳能瓦板，空气间隔层，屋顶保温层，结构层构成的复合屋顶。太阳能光电瓦板是太阳能光电池与屋顶瓦板相结合形成一体化的产品，它由安全玻璃或不锈钢薄板作基层，并用有机聚合物将太阳能电池包起来。这种瓦板既能防水，又能抵御撞击，且有多种规格尺寸，颜色多为黄色或土褐色。在建筑向阳的屋面装上太阳能光电瓦板，既可得到电能，同时也可得到热能。但为了防止屋顶过热，在光电板下留有空气间隔层，并设热回收装置，以产生热水和供暖。美国和日本的许多示范型太阳能住宅的屋顶上都装有太阳能光电瓦板，所产生的电力不仅可以满足住宅自身的需要，而且将多余的电力送入电网。

2.太阳能电力墙

电力墙是将太阳能光电池与建筑材料相结合，构成一种可用来发电的外墙贴面，既具有装饰作用，又可为建筑物提供电力能源。其成本与花岗岩一类的贴面材料相当。这种高新技术在建筑中已经开始应用，如在瑞士斯特克波思有一座42m高的钟塔，表面覆盖着光电池组件构成的电力墙，墙面发出的部分电力用来运转钟塔巨大的时针，其余电力被送入电网。

3.太阳能光电玻璃

在建筑中，当今最先进的太阳能技术就是创造透明的太阳能光电池，用以取代窗户和天窗上的玻璃。世界各国的试验室中正在加紧研制和开发这类产品，并已取得可喜的进展。日本的一些商用建筑中，已试验采用半透明的太阳能电池将窗户变成微型发电站，将保温、隔热技术融入太阳能光电玻璃，预计10年后将取代普通玻璃成为未来生态建筑的主流。随着现代科技不断发展，太阳能发电系统将在技术上取得突破，从而大大提高太阳能发电的效率，使它拥有无限广阔的前景，成为未来生态建筑不可或缺的一部分。今天的高新技术也许就是未来的普及技术。

除了太阳能，在世界范围内探讨的可再生能源利用还包括风能、地热能、潮汐能、生物质能等等。例如在丹麦，由于对利用风能、生物有机能及太阳能等的研究起步较早，可再生能源技术的发展较为成熟，已开始与传统能源进行竞争。丹麦《可再生能源发展技术(DPRE)》有力地促进了各种可再生能源的利用，这使得1980年可再生能源在其整个能源构成中仅占3%上升到了目前的12%。预计到2030年，这个比例将达到35%。其中，风能总装机容量达790MW。发电量现在已占电力消耗量的7%。到2030年，预计将达到50%。

第二节　其他方面

21世纪对发达国家来说又被称为"零排放"的新世纪。这一概念在日本受到高度重视，日本政府拟定了(循环型社会基本法)，已提交国会审议通过。其基本精神是尽可能地利用资源和能源，减少废弃物的排放，以改变现代工业文明的“大量生产、大量消费、大量废弃”的价值观，建立一个以“最佳生产、最佳消费、最少废弃”为特征的“循环型经济社会”。其理论根据可以说就是“零排放”概念，这一概念是设在东京的联合国大学1994年提出的，特别是对于制造业来说，就是应用清洁工艺，物质循环技术和生态产业技术等已有的现成技术，实现对天然资源的完全利用和循环利用，不向大气、水和土壤遗留任何废弃物。换言之，就是以最小的投入谋求最大的产出。构筑产业间的网络，将某种产业的废弃物或副产品作为另一种产业的原材料，这是“后工业社会”的发展方向。

日本已有27家企业的百余座工厂，如啤酒制造厂、水泥厂、造纸厂、电子零部件厂等，均实现了“零排放”。东京附近的山梨县有一个国母工业区，集中在那里的23家中小企业，从1995年起就以国母工业园区工业会为窗口，与大学、县等有关部门结成产、官、学零排放推进研究会，探索建立更大范围的“零排放”系统。在这里，各企业排出的废弃物经过回收和分类处理，提供给其他企业作原料。如废纸由造纸厂用来制造手纸；一般垃圾经过堆肥，供给县内果农作肥料；废塑料加工成固体燃料，提供给水泥厂作燃料，并还计划建立垃圾发电站等。日本目前“零排放”的企业还为数不多，但这是大势所趋，今后会有更多企业朝着这个目标迈进。前面介绍过的瑞典的“生态循环城”也是以“零排放”为其奋斗的目标。

从发达国家的经济结构来看，1993年美国的环保科技产值已达1470亿美元，超过了同时期计算机与制药行业的产值，被誉为“朝阳产业”。1992年德国有近5000家企业从事环保产品的开发与生产，产值均达到了800亿马克。从业人员近百余万。根据国际经验，为遏制环境恶化的趋势，必须保证使环境保护投资占当年本国国民生产总值的1%～1.5%；要使环境逐步改善，环境保护投资须占当年本国国民生产总值的1.5%～2.5%。

第三节　材料绿色化、技术集成化、成品产业化

建筑材料是生态村住宅建设的基础，德国各地区对建筑材料都有一定要求。慕尼黑市规划部门在地方“生态评价一览表”中规定不准用铝板和PC板，原因是铝材生产制造过程中耗能大，污染大。而由于德国近年绿化率高，木材丰富，国家鼓励使用木制品，木材作为生态性材料在生态村住宅中得到普遍使用。许多生态住宅都采用加工处理过的木材制品作建筑骨架、墙体、楼板等。在弗莱堡地区还采用一种用非烧制黏土制造的空心砖，这种黏土砖掺加了“强化剂”，有很好的强度，可砌筑建筑承重墙，如要废弃，便可以很快降解还原成黏土回到农田中。生态住宅中还大量的采用金属外墙皮，以减少人造化学物质的使用。许多钢阳台、楼梯都不刷油漆，为的是突现出银色的钢铁本色。德国对建筑材料中有毒化学物质的含量有严格规定，低蕴能的绿色建筑材料得到广泛运用。

德国生态住宅的建造技术，如复合墙体保温技术、屋面保温技术、太阳能装置技术、屋面植被技术、渗水池修建技术等等都可成笼配套，实现技术集成化。这些集成化技术，由于技术成熟，构造简便，十分有利于施工和生产。生态住宅采用集成化技术后，修建过程就比较简便。在弗莱堡的生态村施工现场，只有廖廖数人。

许多建筑构配件和门窗等在德国都已实现规格化、标准化、产业化，这为设计和施工带来了方便。由于批量生产，价格得到控制，质量也比较稳定。

产品产业化，使生态住宅从结构梁柱，到墙体、门窗、屋面，都有可供方便选择的标准系列的材料和产品。各类产品的安装也都有一套成熟的技术，施工操作简单，建造速度快，便于大规模生产。

第四节　几点启示

德国生态村也就是我们现在所说的生态住宅区，从1980年开始建设到现在已有20多年历史了。20年来，德国生态村建设蓬勃发展，越建越好，受到群众的普遍欢迎。其中，很多宝贵经验对我们来说都是一个很好的启示。

首先是政府对生态村建设政策上的支持，经济上的扶持，成为德国生态村得以快速发展的最重要的因素。德国许多地方均根据自己的情况制定了“生态评价一览表”，所有的投资者，购买土地时均必须签订这个“生态评价一览表”。尽管它不是法规，但它的地位相当于我国用地规划设计条件，属于必须执行的条

件。如慕尼黑的"生态评价一览表"中要求购房者必须收集使用雨水，必须要采用太阳能装置等。这些要求都含有某种强制的成分，建房者在房屋建成后，还必须向政府报告。这个"生态评价一览表"有强烈的导向性，借助政府行政力量的制约，对生态建筑的发展起了很好的推动作用。在经济上，政府出面扶持也是很重要的。如汉堡市每年都拿出120万马克鼓励支持居民安装太阳能装置，对建设生态村住宅也给予相应资金支持。房子建成审试后，如三年下来都能达到节能要求就算合格，之后可得到政府8000马克的补偿。政府通过政策进行导向和制约，通过经济进行具体扶持和奖励，使生态村建设得以快速发展。

其次，生态村建设要认真进行试点和科学研究，开发关键技术。生态村在清洁能源（如太阳能、风能）的使用上，在节能技术上，在绿色建材运用上，在减少污染上，都要全面进行试验，形成技术集成，使生态村成为新技术展示区，起到示范作用。

第三，生态村建设要讲究经济效益，注重实效。生态住宅要算细账，在能源上、水资源上、材料上与普通住宅相比究竟能节约多少F，有多少经济效益？这一点要认真分析核算。生态住宅不是豪宅，而是充满了节俭和可持续发展精神的建筑。寻找经济上的支撑点，使生态效益和经济投资得到平衡，只有这样才能推动生态村建设的发展。

中国是个发展中国家，目前在住宅区开发建设中，有些开发项目的建筑技术落后，但却一味追求豪华、铺张，还大肆做表面包装。这种浮华浪费的做法是一种不良倾向，它过多地耗费了国家宝贵的资源和能源，并加大了环境的污染。德国在生态村建设中表现出的注重技术、讲究实效、质朴自然的精神值得我们很好的研究和学习。

课后讨论题：四个Re原则的现实意义，以及它在建筑、环境设计中的必要性。

师生互动

学生：绿色住区环境形成的基本条件是什么？

老师：符合国家标准的整体生态环境质量，有较好的日照空气与通风条件，并远离释放有害气体的污染源和噪声源；

宏观上看应成为诸如水、食物、能源、交通等各种生态因子的集合，微观上来看给每个住区居民提供的生态条件是公平的；

建立以绿色为主的住区环境规划结构模式；

留出一定比例的"自然空间"；

应表现出对住区地域自然景观、自然生态及对人之外其他物种的尊重与关怀，对住区地域生物多样性的重视，尽可能地利用自然资源，如太阳能、风能、地热能与降雨为住区环境服务，采用的建筑材料等各种物质应具有对自然界和住区居民无害的"绿色"特征。

中国高等院校

THE CHINESE UNIVERSITY

21世纪高等院校艺术设计专业教材

建筑·环境艺术设计教学实录

CHAPTER 7

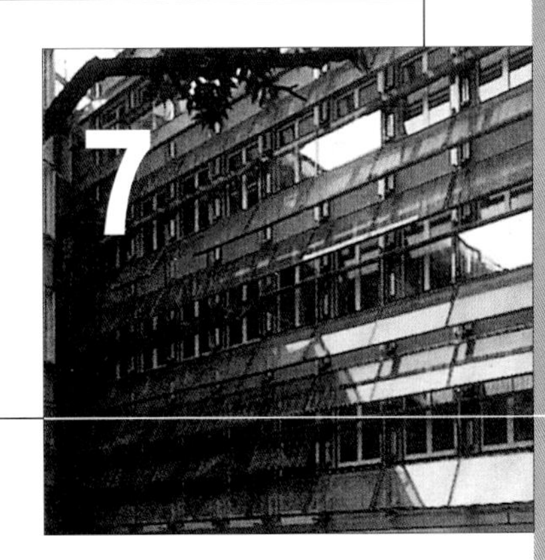

绿色设计的发展

“未来系统”的最新计划

通过整体设计提高建筑适应性

我国发展绿色建筑主要措施

可持续建筑操作理论分析

第七章　绿色设计的发展

21 世纪是人类由"黑色文明"过渡到"绿色文明"的新世纪，在尊重传统的基础上，提倡与自然共生的绿色建筑将是21世纪建筑的主题。但要实现真正意义上的绿色建筑，我们仍然面临许多挑战。

首先是观念的转变。当前，接受绿色建筑概念的主要障碍来自于公众对其的模糊认识，认为建筑在建造、运行等环节如果采用绿色环保措施，必然会带来成本的大幅度提高。其实，一栋建筑在其50年的使用寿命周期内的各种费用的支出中，基建费约为13.7%（包括土建和设备部分），能源费约为34%。如果采用被动式太阳辐射供热、供冷和蓄能，与昼光照明结合的措施，可节省大量的能源，约占整个建筑寿命周期内20%～40%的能源费。也就说仅能源节约的一项便可占到总支出的6.8%～13.6%。同时，由于能源的节约，还可减少废热和尘粒的散发，降低由此带来的热岛效应。

因此，虽然采用绿色环保措施会使基建投资费用有部分的提高，但却能明显地降低运行成本，同时还可带来环境的持续改善。

第一节　"未来系统"的最新计划

英国"未来系统"建筑事务所的建筑概念，表面上看是从美学的角度出发，把独立的体积堆积在一起；但从根本上来说，"未来系统"是希望通过这种堆积，表现一个新的概念——适应并体现当今这个以高新科技为主要标志的新时代。

实际上"未来系统"事务所一直对当代建筑技术的发展、演变十分关注，但令人惋惜的是，新技术成果在当代建筑中经常被忽视，很少得到利用。卡佩里奇认为，"出现这种现象的主要原因是一些建筑事务所总是恪守旧的概念，而不乐于革新。"他同时还指出："在20世纪末的今天，人们仍像百年前一样设计施工，而且预计这种状况在短时间内不会有大的变化。而在设计的其他领域，人们却拒绝了'怀旧主义'和'后现代主义'的俗套，而致力于做那些复杂的研究，进行革新。"在建筑的工业化问题上，卡佩里奇还批评了一种说法，他说："一直以来，一种非常理想化的观念使我们相信，汽车工业的技术可以简单地套用在建筑设计上，但实际上，这是很难实现的，原因是多方面的，主要是因为主观因素和个人情感对建筑的影响远远超出了对汽车的影响。"

"未来系统"在建筑设计上绝不是墨守成规。当你第一次看到他们的作品时，会感到它充满了主观和个性。但实际上，作品的设计具有高度的逻辑性，并且是一种合理化之后的机械论。值得注意的是这种机械论借鉴了仿生学的原理和观点。具体地说，就是用一种相对简单系统下的自然程序来完成建筑作品。同时，他们一直努力实现一种建立在科学基础上的、天然的、经济的、节能型的建筑，抛弃建立在高消耗、高成本上的旧模式。"未来系统"崇尚生态学，这一点与卡佩里奇不谋而合。他认为生态学将决定我们的生活方式；改变我们的生活时尚；改变工程技术和建筑用途。但需要指出的是，"未来系统"的生态建筑并非一般意义

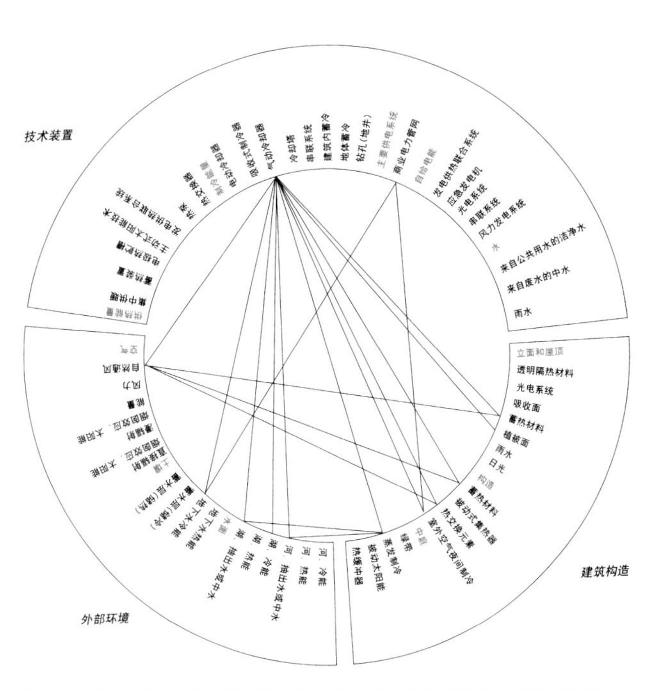

图 7–1　"生态圈"图中的连线所表示的是如何以不同的方式在建筑中降温

图 7–2　"生态圈"外观

上的生态学概念。它几乎不涉及创造绿色环境和"怀旧的自然浪漫主义"，他们的生态建筑更确切地说是一个以新技术、新材料和相关尖端科技研究为标准的新概念。无疑，"未来系统"使用了"高新生态科技"的某些理论。"高新科技"的定义是什么呢？20世纪20年代兴起的构成主义、新陈代谢论以及新天然建筑材料的发现和使用，在当时都可以被称为"高新科技"吗？今天类似于剧院、音乐厅、体育场的新颖设计也可以被称作"高新科技"吗？对此，"未来系统"做出了自己的解释："'高新科技'特别是'高新生态科技'是一个应当严肃看待的问题，一方面承认它的科学性和尖端性，另一方面要以慎重的态度来开发使用。""未来系统"对那些只强调建筑风格而忽视技术或过分使用"高新生态技术"的事务所提出了批评。因为对于生态学方面的"高新科技"研究，我们就像"依呀"学语的孩子，也没有完全掌握。可是，我们常常认为已经了解了生态科技的全部内容而不合时宜地滥用。其实真正的技术是巧妙、完整和复杂得多。那么"未来系统"运用的生态技术（或生态科技）是复杂的吗？其实，"诺亚方舟"的设计，代表了"未来系统"的最新研究成果，是对生态技术合理运用的最好例证。它的设计看起来是简单、合理的。具体体现在：①太阳能的合理使用；②供暖和通风换气系统；③匠心独具的雨水循环再利用系统等等。这些设施不是孤立的个体而是相互配合的整体。从建筑的结构体系到建筑的整体定位，以及建筑屋顶的设计都遵循着同一种有机的逻辑。

总之"未来系统"对建筑的诠释是非常有内涵的，它与现代建筑史上的"有机论"是截然不同的。"未来系统"所采用的技术并非是别出心裁，而是长期以来为人们所熟知的。它的革新只不过是从能源经济的角度，把自然机制同人工创造结合起来。另外，只要符合生态原则，即使是过去的技术，"未来系统"也会采用。"未来系统"还认识到，新生态技术实际上是受第一次工业革命的影响。目前，建筑的领域正在缩小，那么，建筑师这个行业会消失吗？"未来系统"为了解释和验证自己的创意，提出了一个观点：如果说建筑是一门艺术的话，那么波音飞机的设计师就是一个艺术家。今后"未来系统"还会提出其他新的建筑构想吗？

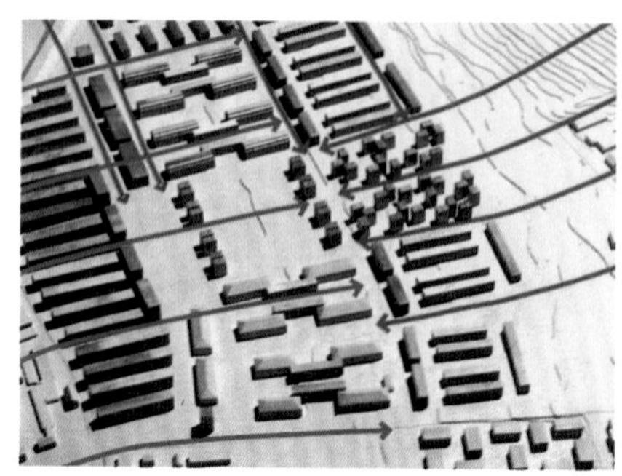

图 7–4　弗里堡——市哈依斯高地区规划风向示意

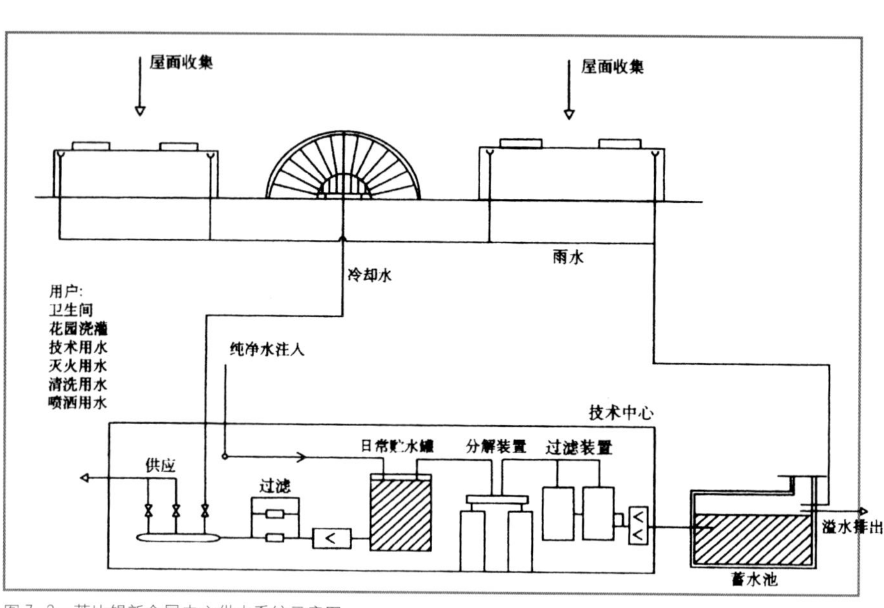

图 7–3　莱比锡新会展中心供水系统示意图

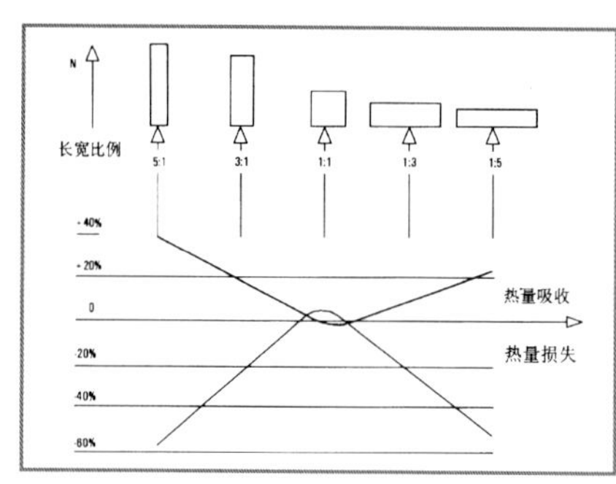

图7–5　不同建筑布局及平面形式形成不同的热量损失与盈余

第二节　通过整体设计提高建筑适应性

未来建筑设计中整体设计越来越重要，其特点在于全面协同与建筑相关的各个元素，其中，既有"生态圈"中的各种外部环境因素，像空气、太阳、土壤、雨水、植被等，也包括建筑本身形式定位的外围户结构等。只有综合研究了这些元素，才能达到减少不可再生资源的使用，充分利用可再生资源。

一、未来建筑的要求

当今社会，经济和生态正发生着巨大变化，在这个背景下，人们进一步深入思考未来的发展趋向问题。如何尽可能地节省自然资源，如何保护人类赖以生存的环境。这些问题在建筑设计中，自然而然地引发出智能化整体设计的观念。在发达的工业化国家，近40%的能源是在建筑中消耗的，经过粗略的估算，其中2/3～3/4可通过正确的、理想的建筑措施节省下来。这不仅对建筑设备技术具有新的意义，而且给建筑设计带来了新的概念——新技术和高品位的建筑设计融为一体。这种新的建筑设计概念引导人们以整体综合的设计取代现有的线性设计思维，以便酝酿设计出节省能源的建筑。

在从建筑设备和建筑本身发掘潜力的同时，建筑的使用者也发挥着重要的作用。通过对舒适性要求和建筑功能用途的适当调整，以及有意识的运行管理，可以大大减少建筑投资和能源消耗。

以一种新的俭朴"少就是多"命名的未来发展趋向，并不意味着要放弃目前通行的对舒适性的要求，而更多的是通过高质量的建筑设计和建筑构造，以降低建筑设备的使用数量。

综合设计和整体设计将在未来越来越重要，从而酝酿出整体性的解决方案，将建筑中用户的使用要求和自然界可再生能源的利用有机地结合在一起。新的趋势主要集中在：通过高质量的设备和建筑构件之间的全面协同，尽可能

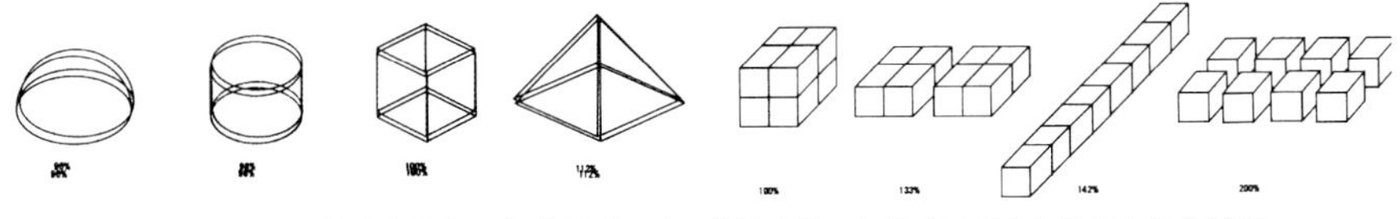

图 7–6　建筑几何形式及结合与热耗之间的关系，表示的是建筑几何形式及组合与热耗之间的关系。

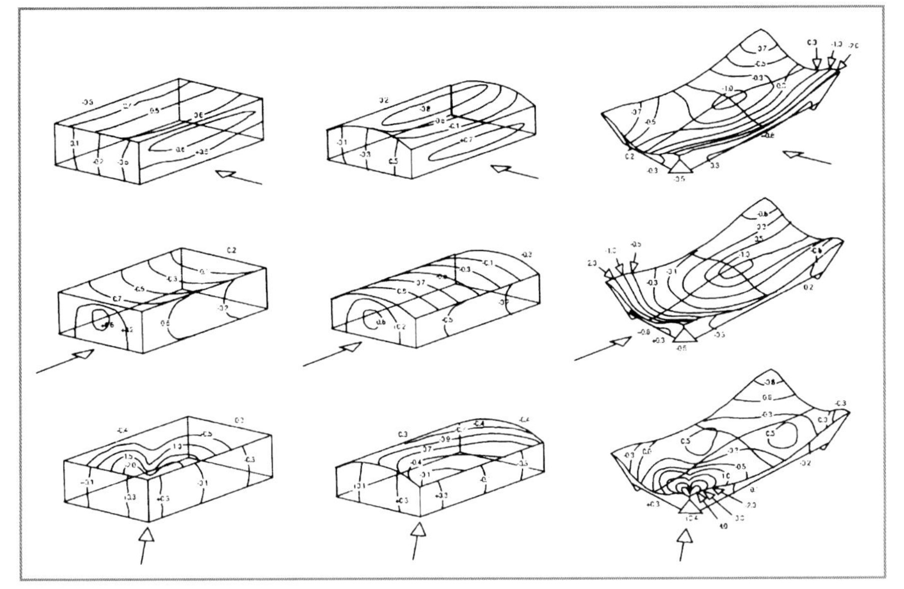

图 7–7　三种不同建筑造型表面的正负气压差比较

图 7–8　慕尼黑 HL–Technik AG 办公楼内景

地减少元生能源和灰色能源的使用，同时尽可能多地利用可再生能源。

二、生态圈

在酝酿建筑设计时，有"生态圈"中表现的联系应得到充分的重视。在这个"生态圈"中不仅可以清晰地看到重点分区，如外部空间、建筑体量和建筑设备等，同时还将各种降低设备投资和运行费用的可能性也归纳在其中。在具体实施上，每一个要素并不是像过去常常用在完成后的建筑上，而是融合在整个设计中。每个单独要素，如中庭、土壤、水面、大厅空间、构造、立面、屋顶和其他各种建筑设备均一样重要，并应得到同样地对待。它们应整体地、综合地引入到设计中。

三、外部环境

在进行建筑设备的设计时，外部环境所引起的作用应放在重要的位置来考虑。由土壤、绿化、水、空气等组成的外部环境，提供了多种多样的可能性，用以减少建筑设备的数量或功率，同时还可节省能源和运行费用。外部环境在供热和制冷方面均起着重要的作用。作为整个生态所涉及到的组成部分，外部环境将在未来建筑中发挥越来越多的作用。外界气流、地热资源、雨水等的利用及外部绿化也均属于外部环境。

1.外界气流

外界空气及气流连同它的能源潜力，是未来整体综合设计的最主要的组成部分之一，并相应地在实际中予以充分运用。对建筑物的设计原则上均可以自然通风，以减少由于升温、加湿、冷却所需的机械通风时间。通过二十五年来的不断运用，自然通风设计已不仅被建筑使用者所接受，而且还深受欢迎。根据数据记载，机械通风在冬季使用较多，在夏季则相对减少，在冬季机械通风可以高效率的回收热能。为了使建筑能得到自然通风，可使建筑物的形状及高度能有一系列的可能性，使建筑的正压、负压区得

图 7–9　瑞士巴塞尔 SUVA 办公楼外观

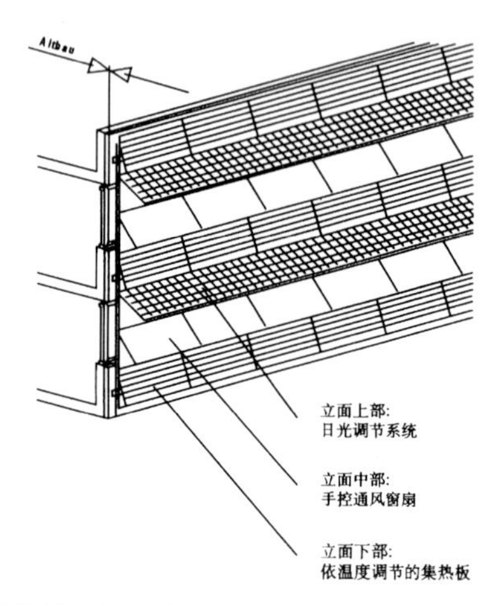

图 7–10　瑞士巴塞尔 SUVA 办公楼立面作法

以恰当使用，同时还应在建筑中充分利用热功学原理。

2.土壤

为了减少在使用制冷机时产生的冷能和通过加热设备形成的热能，在自然冷却和加热外还需要对地冷和地热加以利用。

在通过地下管道来制冷水时，应注意冷循环过程中的进水温度不要低于18℃，回水温度不高于22℃。利用地热意味着将建筑物排除的余热引入地下，地下热量的流动交换，在整个年度内应是总体平衡的。夏天，引入地下的热量在冬季又应是会在再地热利用时被消耗。如果我们将地下热量的流动功率按0.65w/m²计算，导管的间距平均为6m时，导管的热交换功率为20w/m。为了不使投资过高，导管的最大埋深不应超过100m。

3.雨水

洁净的饮用水是我们生活中最重要的而且是不可替代的物质之一。但是很多人并不知道，其在工作、生活中所消耗掉的很大一部分洁净水（约33%）是用来冲洗卫生间了，同时，建筑清洗、汽车清洗、花园浇灌等也正在消耗着大量的珍贵的饮用水。

经过调查研究，约有50%的饮用水可以通过雨水来代替。由此看出可节约用水的潜力有多大，这种"灰水"至少可以用于厕所冲洗、花园浇灌、建筑清洗等。饮用水在将来则应仅用于饮用、餐具、清洗及洗浴等。

在收集和应用雨水时应只采用屋面上的雨水，因为这样的雨水不会混入太多的不洁物质。雨水首先被导入一个配有沉淀池和紫外线照射装置的蓄水池，然后通过砂石过滤、分解等程序继续送往各用户。从长远的观点看，充分利用雨水资源是非常值得推荐的，因为它将节约大量珍贵的水资源。雨水不仅可以用来清洗，同时还可以冷却建筑及周围环境，具体实施时可通过以下几种途径：

——通过建筑周围的人工水面来进行蒸发降温；

——通过人工瀑布和喷泉可以提高蒸发降温的效果；

——通过细腻喷洒的水雾来冷却室外空气；

在具体实施时注意不要过度，以免

产生闷湿的感觉。

德国莱比锡新会展中心的玻璃大厅使用了雨水降温系统。在这个硕大的全玻璃大厅内，在盛夏季节不靠空调设备制冷的情况下，只靠在玻璃穹顶表面的喷洒蒸发冷却，便能使室内温度值比室外温度高1℃～1.5℃。这种设计构思不是单一的建筑师或空调工程师的任务，而是一种高度整体统一的设计和预先的总体构思。

4.室外植被

以正确的方式布置的植被会在盛夏的烈日下形成自然的阴凉，使得建筑外墙避免被曝晒而降低制冷量。室外植被应以落叶植物为主，以便于在秋天落叶后，冬季时建筑的被动式太阳能所利用。四季常绿的植物在这里是不适合的，因为它们只能满足夏季要求。室外植物还能同时使室内靠近窗户的部分光照强度降低。树木、灌木、草皮等还会给建筑使用者带来一种舒适的感觉，同时起到改善建筑物周围气候的作用。

四、建筑的形式和位置

在城市规划设计时就应将重要的生态观点引入其中，以达到城市空间的自然通风和降温。建筑物的高度和朝向定位还均应充分考虑到地区的主导风向因素，以便使整个新区能做到自然通风。

如果要使建筑物自然通风和建筑物吸热构件能自然冷却，就应在城市规划、城市设计时将这个想法融其中，以便使各种有意义的可能性不受限制。不同的建筑布局及平面形式将形成不同的热量需耗（冬季）和热量盈余。

1.降低热耗

降低热耗以及调整热量吸收不仅与建筑的朝向有关，同时还与建筑的形状、建筑的表面积和体量的比例关系密不可分。

2.自然通风的再完善

通过该图（图7–7）可以看出，右边的建筑形体最有利于自然通风。

3.降低技术设备消耗

在建筑周围设置水面，以利用水蒸发来降温就显得非常有意义。用于通风冷却吸入的新风，在被引入前便自然降低了温度。在建筑下部的地热交换导管应和热泵联系在一起，以便在冬季加热大厅的室内温度。人工水面同时还可以用来冷却建筑构件。通过折光板可将自然光更深的引入室内，充分地使用自然照明。所有的这些措施，均是在有意识地利用可再生资源，并以简化的技术手段减少设备，节省能源开支。

五、建筑和建筑结构

除了建筑的形式和位置之外，建筑结构、立面构造以及开敞空间的应用也均可发挥积极作用。

1.建筑材料的吸热降温

为了在夏天也尽可能地通过自然的办法来降低室内温度，利用混凝土的吸热性能将成为不可避免的问题，这项措施的应用可将制冷能耗降低30%。通过建筑师、结构工程师和设备工程师的共同协作，形成建筑体量吸热设计，以降低设备投资和运行费用。同时，建筑的空间质量还在主观及客观上均可得到很大改善，使室内实际温度与感受温度均可处于一种较理想的状态。

运用吸热降温技术的建筑在过去的几年中不断得以实施，每次均是以建筑师、结构工程师和设备工程师之间的协调合作而完成的。在进行这类建筑的设计时，整体的综合设计显得尤为重要。因为仅靠其中的一个工种是难以完成的。另外，在"吸热建筑"的设计中，还应根据实际情况考虑将建筑构件吸热后的自然冷却与其他降温技术结合起来。

2.立面——灵活的外表面

建筑立面在过去和现在大多由建筑师来确定。立面设计应尽可能地在满足使用者各种要求的同时，还要将这些要求和自然资源结合起来。建筑的立面不仅是室内和室外空间的分隔部分，同时还应满足许多其他功能，如：

——视线的联系

——引进日光照明

——自然通风

——保温隔热

——遮阳

——适宜的表面温度

——充分预防眩光

立面是热功舒适性、空气洁净度以及视觉舒适性的重要组成部分，像人的皮肤一样，建筑外立面应对室内外变化灵敏地做出反应。这要求设计者要有高度的创造性和革新性。然而，新立面带来相对高的投资使得许多想法难以付诸实施。通过运行过程中节省的开支来为新立面的昂贵投资辩护，总是显得苍白无力。所以在这个课题范围内还需一个更高层次的整体设计，以制定未来的解决方案。

3.开敞式室内（中庭）空间——灵活的缓冲过渡空间

如果要降低能源消耗，建筑中的开敞式空间将在特定的条件下成为一个有意义的补充。与这个开敞式空间相连的房间不仅可以减少一半的热量流失，同时还可以减少制冷需耗。开敞式空间特别适合于充分地利用太阳能，并将其功能在建筑物内部充分扩展。根据使用要求，还可将开敞式空间设计成室内花园，以进一步改善室内小气候。

开敞式室内空间还应尽量设计成为不需人工通风和降温的空间，从而降低投资成本。

由德国GMP建筑师事务所玛格教授和结构大师施拉赫教授合作设计的汉堡历史博物馆，其网式构架玻璃顶下方形成了一个开敞式空间，线状电加热器则结合在网架结构中，形成了一个造价低廉的临时加热装置。可在特别冷的天气下（一年约100h），该大厅由于太高的热量流失和高昂的加热费用等原因而被停止使用。

六、主动技术干预

在被动方案无法满足需要的时候，就需要主动技术的干预，起到辅助的作用。在今天，太阳能收集器和光电转化器暂时还属于来不及回收投资成本的技术手段。所以在常见能源的解决方法太麻烦的情况下，才通过先进手段将此技术付诸实施。应用风能则主要集中在充分合理解决自然通风方面，而不是在建筑上设立巨大的风力发电机。雨水的利用除了用做冲洗、清洗等用途外，还应有针对性地应用于冷却建筑构件。与热泵系统相结合地热能源利用，对未来有着深远的意义。关于地热资源利用的决策应尽早决定。对原生能源应充分提高其利用率，发电——供热联合系统将在未来的建筑节能运用方面发挥巨大的作用。由于热泵系统首先是利用自然能源，所以它也可作为整体综合设计的一部分。在与集热面结合后，热泵系统能很好地达到一个性能价格比。由于集热面位于建筑外立面，这就需要一个早期的整体综合设计（图7–1～10）。

七、结论

即使我们在自己的设计范围内为全球生态问题的解决，仅能做出很小的贡献，整体综合设计的方法，在未来的实践中也将是正确的。在强化后的环境意识和升高的能源费用作用下，欧洲出现了许多积极的可取的举措。这一点可通过西欧和北美人均能源消耗的比较中显现出来。在美国的人均能源消耗是西欧的近两倍。整体综合设计对发展中国家和准发达国家起着表率作用，因为这些国家有着与西欧国家类似的问题。整体综合设计的先决条件是要运用高度的智慧和无尽的创造力。遗憾的是，今天，这个先决条件与业主和发展商所提供的设计费很难协调在一起。

这种面向未来的设计方法无论对建筑师还是工程师都提出了新的要求和挑战，即跳出线型思维，进入整体综合思考。可以想象，年轻的建筑师、工程师在结束高等教育后，将会不再认为自己的职业教育已经结束，而是准备着在工作中不断学习提高，寻找针对未来的设计答案。

第三节　我国发展绿色建筑主要措施

一、节约能源

我国能源紧缺，而且能源的利用率低。例如，我国建筑能耗的平均能源利用率约为30%，是发达国家的三分之一左右。因此，我们必须重视建筑节能，促进传统能源的可持续利用，具体措施有：

1.提高能源效率

在建筑设计中可利用多种方法达到节能的目的；可根据基地的自然条件，充分考虑自然通风和天然采光的要求，减少空调和照明的使用；通过建筑外围护结构设计，多采用高效保温材料的复合墙体和屋面，以及密封性能良好的多层窗，以减少建筑运行能耗；还可多采用高效建筑供能用能系统及设备，限制低效供能用能系统设备；推行绿色照明工程。

2.开发新能源

积极开发利用新能源和可再生能源（如地热、太阳能、风能、生物质能），逐步改变目前我国已不可能再生的化石燃料为基础的不合理能源结构状况。

二、节约土地

我国地少人多，土地资源十分紧缺，仅为世界平均水平的三分之一。必须节约和合理利用土地资源，提高土地利用率。具体办法如下：

1.集约化利用土地

强调土地的集约化利用，合理规划农村住宅建设用地，积极发展小城镇。

2.合理规划

规划设计应将节约土地与高效利用土地相结合，有效利用有限的土地资源。

3.尽可能减少建筑物的体量以减少占地

4.合理开发利用地下空间

5.合理使用新材料

发展新型墙体材料和绿色高性能混凝土，限制使用或淘汰实心黏土砖，充分利用矿渣、粉煤灰等工业废料，保护土地资源，减少环境污染。

6.在建造中注意保护土壤

三、节约用水

水资源的短缺和水污染的加剧已经严重制约了我国社会经济的发展。据统计，全国600多个城市中有一半存在不同程度的缺水，每年因缺水而影响的工业产值就达2300亿元。城市污水的再生利用是开源节流、减轻水体污染、改善生态环境、解决城市缺水的有效途径。因此，必须节约宝贵的洁净水，大力推进雨、污水回用以缓解城市缺水危机，改善环境质量，促进水资源的可持续利用。具体如下：

1.改变用水方法

通过鼓励采用节水型器具，改变用水习惯和水价杠杆调节等方式，降低用水量。

2.雨水的再利用

强调屋顶雨水的收集和再利用，地面雨水可结合实际情况进行收集或通过采用可渗透的路面材料使雨水能渗入地层，保持水体循环。

3.施工节水

建筑施工过程要重视节水和对地下水的保护。

4.废水再利用

居住小区和建筑排水原位处理后回用于日杂生活、景观的绿地浇灌。

5.污水再利用

城市污水处理厂的出水经深度处理后用于市政杂用、景观用水和生态修复。

四、节约材料

建筑从建材的生产到建造，使用过程需要消耗大量的能源和资源，并且可产生大量的污染。在建造过程中，应尽量节省材料，多采用环保的、易降解的、可再生的材料或材料替代品。

(1) 调整和优化产业结构，淘汰落后的工艺和产品，提高劳动生产率降低资源消耗。

(2) 发展高强、高性能的材料，如绿色高性能混凝土，减少水泥和混凝土用量，消纳大量工业废渣，减少环境污染。

(3) 发展轻集料及轻集料混凝土，减少自重，节省原材料。

(4) 积极发展化学建材，以节能、节木、节钢。

(5) 在住宅建设中采用轻型钢结构体系，减少木材、水泥和黏土砖用量，有利于自然资源的保护。

五、废弃物利用

每年因新建、装修和拆除产生的建筑垃圾量非常大，基本用于回填。大量未经处理的垃圾露天堆放或简易填埋，占用了大量宝贵土地，并污染了环境。城市垃圾治理要以实现减量化、资源化和无害化为目标，强调综合治理，注重源头减量和综合利用，从而有效地控制污染，回收资源，实现环境资源的可持续发展。

(1) 首先应尽可能地防止或减少建筑垃圾和城市生活垃圾的产生。

(2) 提倡分类收集，对产生的垃圾尽可能的通过回收和资源化利用，减少垃圾处理量。

(3) 在分类收集的基础上采用适宜技术进行分类处理：对有机的易腐的垃圾采用厌氧消化技术（高效率产生沼气和优质肥料）或简易堆肥，积极发展生物处理技术；对混合垃圾进行焚烧处理或余热利用；尽量减少填埋处理，对已填埋气体要进行收集和利用，有效地控制和处理垃圾渗滤液。

(4) 对垃圾的流向要进行有效的控制，严禁垃圾无序倾倒。

(5) 尽可能地采用成熟技术，防止二次污染。

第四节　可持续建筑操作理论分析

作为21世纪人类所面临的巨大挑战，可持续发展这一理念所带来的环境运动将毫无疑问地逐渐深入社会生活的各个方面。由于建筑业本身所固有的纳能源消耗的性质，它将在实现可持续发展的道路中扮演重要的角色。以欧洲为例，建筑对环境的影响是约50%的能源消耗；40%的原材料使用；50%的水资源使用、80%的耕地丧失；50%的破坏臭氧层化学品的使用。再以美国为例，建筑业占全国每年总能量消耗的11.14%，大至为 2.2 × 1012kwh 的能量（7500 兆BTU），相当于2387亿升汽油的能量，或2.86亿吨烟煤的燃烧热量。这其中的一半是新建房屋所消耗的能量（约为总能量的5.19%，其余的5.95%为非房屋建设，如公路、铁路、水坝、桥梁等，以及各类维护建设所致）。另外，伴随着各类建设还产生了大量的环境污染。对于建筑业本身对环境产生的负面效应，建筑界已有了相当的意识，认为通过合理的设计手段是完全可以减少建筑对环境的影响。研究表明，在概念设计阶段把建筑作为整体系统设计，并注重各子系统的相互关联，可以比一般建筑节省50%～70%的能量。其本质的目的在于从整体上，即从建筑的各个环节中减少对环境及其使用者的负面影响。其重点在于整体的节能与无害。整体节能与无害包含着在建筑生命周期的各个阶段的节能无害，即从土地开发、建筑布局、建材选择（包括其开采、加工处理、运输等各环节的资源及能量消耗）、建筑施工、建筑使用及维护，甚至于对建筑拆除的总体考虑。因此，从整体流程的角度并结合前文所述的转型过程的前提条件，许多所谓的可持续建筑在很大程度上是值得商榷的。它们在某些环节上的努力（譬如利用自然采光与通风，垂直绿化等等），并不一定代表整体可持续水平的提高，相反，有时大量的高能耗的建材及其施工强度反而会极大地抵消其积极的一面；另一方面，从社会的角度讲，虽然可持续发展的建筑可能从地域建筑的传统中获得灵感并加以延续，但为不加批判的继承，却会机械地分离地方的客观变化规律与环境营造传统，在历史的有限或被动条件下，所做出的选择往往需要在科学的分析下突破束缚而争取解放。外部的优良因素与地方具有生命力的传统的结合，往往会体现出优势，即老方法解决新问题与新方法解决老问题的结合。

综上所述，可持续建筑的操作应当立足于综合环境效益的提高基础之上，发展新的建筑语言，以提供人们一个经济、舒适，具有环境感与文化感的场所。概括地讲，可持续建筑的实践是高度的环境质量与环境敏感性，文化的繁荣、经济的可行性与经济发展共荣，以及生活质量的提高。遗憾的是，虽然环境运动的意识正在积极推进，但可持续建筑的行动却远未成为当今建筑的主流。客观地讲，可持续建筑的创作远不同于我们传统的建筑创作，它的理念基础应遵循于系统性、综合性、动态性的原则，在这种创作中所营造的一种复杂系统是多维性的。

因此，可持续建筑是被作为系统来设计的，并更多地被理解，成为能流的载体与调解器。其改革之处在于设计哲学与营造方法。评价标准的更新，包括系统化、定量化（模型化）、交叉化、信息化。可见，由于原创点的变化而正在引发的建筑领域中的绿色运动，它在新世纪中所可能带来的深远意义，包括整个人居环境水准的提高，将毫不逊色于历史中的任何建筑革新。遗憾的是，面对这场即将展开的革命，我们仍然在理论与操作性上缺乏系统化。现今，人们时常用来表述可持续建筑的是某种先见的建筑现象，比如中庭绿化、自然通风等，均是而非本质的、互通的、综合的考量。另外，就建筑流派而言，无论是基于后密斯技术美学表现出的"高技术"，或是以（批判）地域主义为指导的"现代乡土"，虽然它们都多少重叠于可持续建筑的内涵，但并不足以取代后者。显然，我们需要为这场运动提供比较完善、系统化和更加理性的操作性坐标，以揭示可持续建筑的生成。

探寻可持续发展的建筑材料及其系统，选择建筑材料是建筑设计中重要的一环。可持续建筑的目标增大了建筑材料环节的难度和深度，因为与建材相关的每一环节，如取材、生产加工、分配、维护乃至拆除或废物处理等等都与能源和环境密切相关。其对环境的影响可分为几个不同的层次，一是难以治愈的全球性影响（如生物多样性的丧失，臭氧层空洞）；二是理论上可治愈但技术缺乏（如生态系统的恢复，对消耗的能源及原材料的更换）；三是可治愈可避免的（如对空气、水、土壤的污染）。实施有关建材方面的可持续发展的相关策略减少建材环节对环境的消极影响，无疑是可以完全做到的。这里包括：减少材料的使用量，如使用绿色的替代产品，提倡积极性的小型住房，提高建筑的多用途。高效的基础设施，更有效的结构设计，以及材料生产技术的革新等等；对材料的再循环和再利用。另外，减少生产材料的污染过程；以建材为基础，减少房屋系统的能量消耗；对建材能量消耗进行数量化研究，为选材提供借鉴等诸多方面，也是非常值得推广的方法。

中国高等院校

THE CHINESE UNIVERSITY

21世纪高等院校艺术设计专业教材

建筑·环境艺术设计教学实录

CHAPTER 8

案 例

重视环境、文化传统与生态平衡的高技派建筑

埃森 RWE 办公大楼，德国

莱比锡新会展中心玻璃大厅，德国

东京蒲公英之家，日本

柏林戴姆勒·奔驰办公楼，德国

汉堡伯拉姆费尔德生态村，德国

弗莱堡的生态小站，德国

霍普兰德太阳生活中心，美国

顿卡斯特"诺亚方舟"，英国

绿鸟，伦敦

"Z"计划，伦敦，图卢兹

第八章 案 例

第一节 重视环境、文化传统与生态平衡的高技派建筑

高技派建筑已由单纯地重视建筑功能的灵活性和显示高科技艺术向重视环境、文化传统与生态平衡方面转化。以N·福斯特和R皮亚诺为代表的一批建筑师近年来的作品中，就不难看出这点，柏林国会大厦则是其生态建筑的突出代表。

20世纪70年代蓬皮杜文化中心在巴黎的兴建曾引起国际建筑界的广泛争论，80年代伦敦劳埃德大厦建成后由于查尔斯王子的严厉抨击，又掀起一场轩然大波。尽管科学技术日新月异，但高技派建筑却总是招来非议，留给人们的印象是破坏环境、耗费能源、造价过高等等。事实上，高技派建筑正在悄悄地变化，突出特点是逐步向重视环境、文化传统与生态平衡上转化。这是由于各种流派之间的相互学习，取长补短的结果，建筑流派的含义似乎日趋模糊。本世纪高科技在建筑上的应用定会有更大的发展，各种流派间的相互交融也是必然的趋势。

一、柏林国会大厦改建——生态建筑与民主的象征

柏林国会大厦始建于1894年，原名帝国大厦(Reichstag)，曾长期为普鲁士帝国议会服务。1933年2月27日希特勒利用所谓"国会纵火案"登上法西斯宝座，帝国大厦在二战期间又成了纳粹帝国的中心。1945年4月30日苏联红军攻克柏林，帝国大厦再遭破坏。东西德国合并后，如何处理这幢极具历史价值的建筑，已不仅是德国人民，而且是世界人民关注的焦点。

1992年经过公开的国际竞标，福斯特(N, Foster)和卡拉特拉瓦(S, Calatrava)提供的两个方案同时获得一等奖。但德国政府最终还是指定英国建筑师福斯特作为改建国会大厦的设计主持人。从实施方案的外观看，或许更接近卡拉特拉瓦获奖方案的构思，因为人们都希望保留对原有建筑外形的记忆。福斯特的原方案是在整幢建筑上加个半透明的罩，这种作法显然会使建筑面目皆非。福斯特新方案高明之处在于不仅保持了原有建筑的外形，而且使它变成一座生态建筑和德国民主的象征，使貌似简单的玻璃穹顶具有极为丰富的内涵。

福斯特曾在法兰克福的莱茵河畔设计过一座高层商业银行，当时就被认为是世界上第一座高层生态建筑，其周围有9个相当于4层楼高的温室花园。柏林国会大厦的改建使人们对生态建筑有了更深的理解——对自然资源的合理使用并进而达到生态平衡，具体表现在以下几点：

1.自然光源的利用

柏林国会大厦改建后的议会大厅与一般观众厅不同，主要依靠自然采光而且具有顶光。通过透明的穹顶和倒锥体的反射，将水平光线反射到下面的议会大厅。议会大厅两侧的内天井也可补充部分自然光线，基本上可以保证议会大厅内的照明，从而减少了平时的人工照明。穹顶内还设有一个随日照方向自动调整方位的

图 8-1　倒锥体可调镜面细部
图 8-2　议会大厅层平面
图 8-3　议会大厅自然采光的效果
图 8-4　穹顶大厅（右为倒锥体，厅为可移动遮光板）

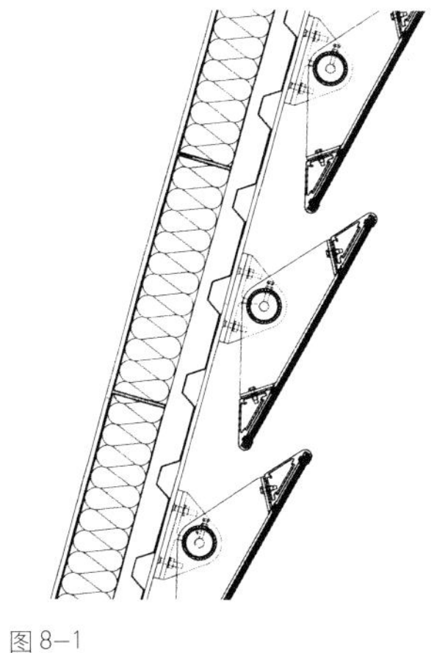

图 8-1

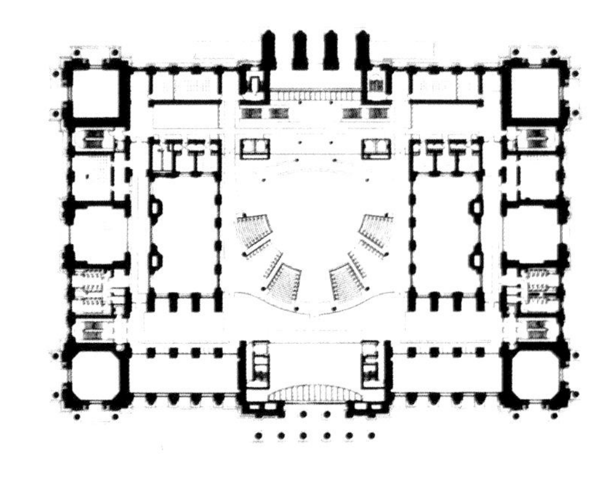

图 8-2

图 8-3

图 8-4

遮光板，遮光板的作用是防止热辐射和避免眩光。沿着导轨缓缓移动的遮光板和倒锥形反射体均有极强的雕塑感，有人把倒锥体称做〝光雕〞或〝镜面喷泉〞。日落之后，穹顶的作用正好与白天相反，室内灯光向外放射，玻璃穹顶成了发光体，有如一座灯塔，成为柏林市独特的景观。

2. 自然通风系统

柏林国会大厦自然通风系统设计得也很巧妙，议会大厅通风系统的进风口设在西门廊的檐部，新鲜空气进来后经大厅地板下的风道及设在座位下的风口，低速而均匀地散发到大厅内，然后再从穹顶内倒锥体的中空部分排出室外，此时倒锥体成了拔气罩，这是极为合理的气流组织。大厦的侧窗均为双层窗，外层

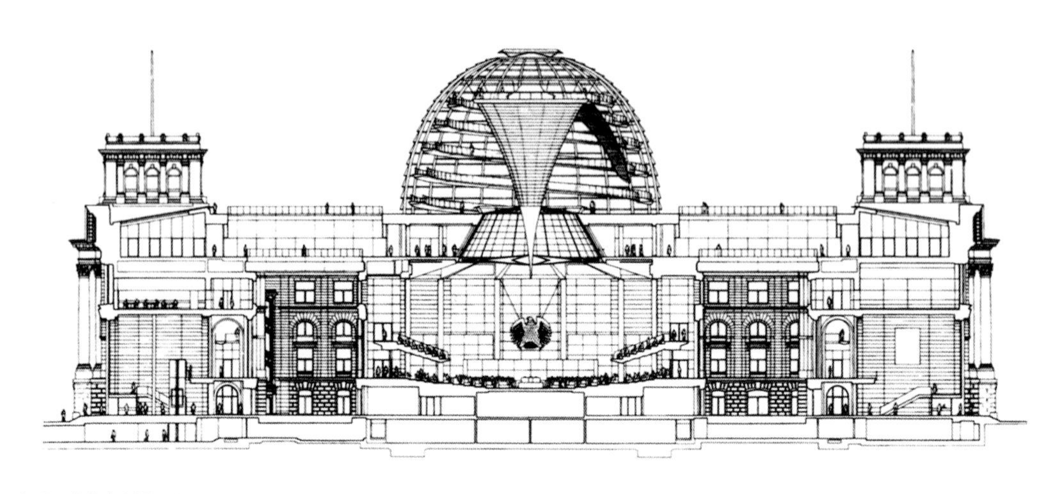

图8–5　南北向剖面

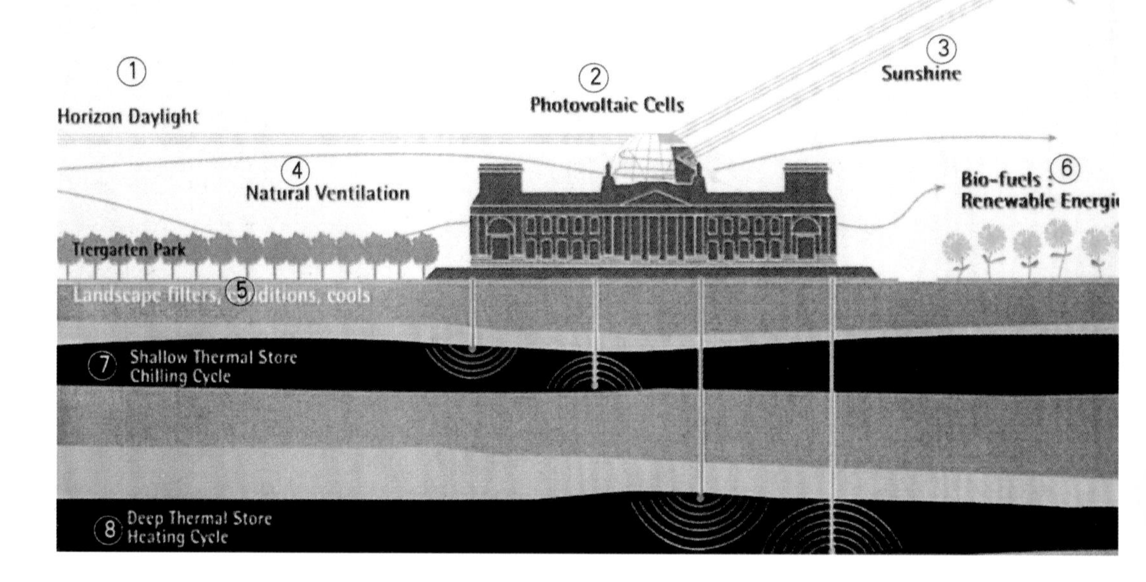

图8–6　生态建筑示意
1.水平日光
2.太阳能发电
3.日照
4.自然通风
5.绿化过滤、冷却空气
6.生态燃料更新动力设备
7.浅层蓄水层
8.深层蓄水层

为防卫性的层压玻璃，内层为隔热玻璃，两层之间为遮阳装置，侧窗的通风既可自动调节也可人工控制。大厦的大部分房间可以得到自然通风和换气，新鲜空气的换气量根据需要进行调整，每小时可以达到1/2次到5次。由于是双层窗，外窗既可以满足保安要求，内侧的窗又可以随时打开。

3.能源与环保

20世纪60年代的国会大厦曾安装过采用矿物燃料的动力设备，每年排放CO_2达7000t。为了保护首都的环境，改建后的国会大厦决定采用生态燃料，即以油菜籽或葵花籽中提炼的油作为燃料。这种燃料燃烧发电时相对高效、清洁，每年排放的CO_2预计仅440t，大大减少了对环境的污染。与此同时，会议大厅的遮阳和通风系统的动力来源于装在屋顶上的太阳能发电装置，这种发电装置最高可以发电40kw。把太阳能发电

图 8–7　曼尼尔博物馆外观（右侧为民居）

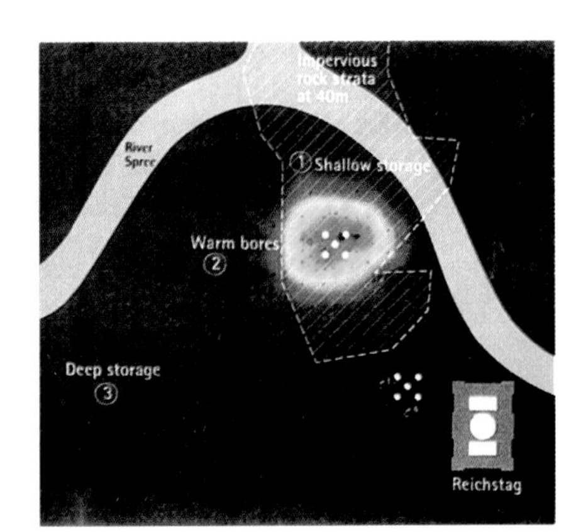

图 8–8　地下蓄水层分布
1. 浅层蓄水层
2. 钻孔
3. 深层蓄水层

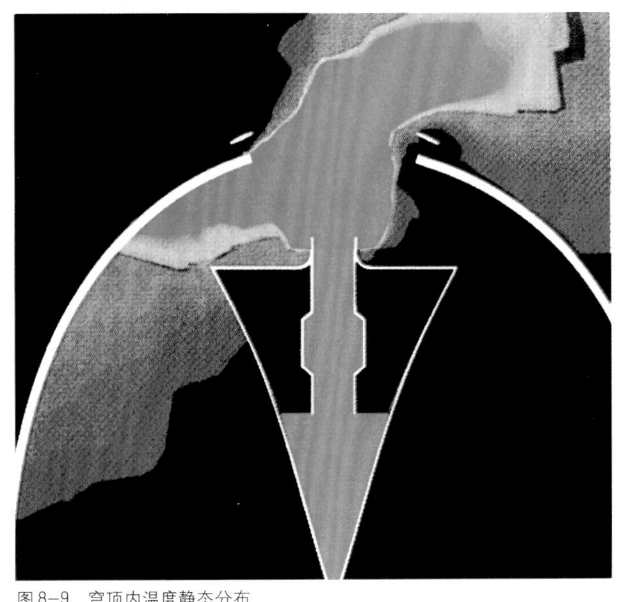

图 8–9　穹顶内温度静态分布

和穹顶内可以自动控制的遮阳系统结合起来，其想法甚是绝妙。

4. 地下蓄水层的循环利用

在对柏林国会大厦的改建中，最引人注目的当属地下蓄水层（地下湖）的循环利用。柏林夏日很热，冬季很冷，其设计充分地利用了自然界的能源和地下蓄水层的存在，将夏天的热能贮存在地下冬天使用，同时又把冬天的冷量贮存于地下夏天使用。国会大厦附近有深、浅两个蓄水层，浅层的蓄冷，深层的蓄热，在设计中将它们充分地利用为大型冷热交换器，形成积极的生态平衡系统。

1999 年 4 月在国会大厦尚未正式启用前，其玻璃穹顶首先向全世界人们开放，参观者可以从正入口通过电梯直达屋顶。人们可以在宽敞的屋顶平台上眺望柏林市容，也可沿着螺旋坡道缓缓上升，既可俯视四周景色，又可欣赏厅内的“光雕”和川流不息、欢快的人群，昔日权力的象征已让位于民主和开放。其民主的另一层含义表现为市民可以在穹顶内和穹顶下的夹层大厅内俯视下面的议会大厅，它象征着：公众的权力高于那些应该向公众负责的政治家。在穹顶大厅内人们还会意外地发现由多块镜面组成的倒锥体，起着娱乐作用，人们通过移动位置便可以找到多个镜面反射出的自身形象。

二、高科技与传统文化和环境的结合

高技派建筑与传统文化结合具有其鲜明的特色。他们对高科技的运用不仅仅是为了表达艺术形象，而且还综合地解决了功能与工程技术问题，因此，更具生命力。

曾与罗杰斯合作设计过巴黎蓬皮杜中心的皮亚诺，从20世纪80年代起就已开始重视将高科技与传统文化和环境相结合，他在美国休斯顿设计的曼尼尔博物馆(Menil Museum)便是一个很好的例子。博物馆位于休斯敦一个综合性社区中心，该社区保留有大量的20世纪早期修建的民居，很有特色。近年来民居已被涂成灰色并带有白色的檐口及窗套，有些民居也改做行政办公和服务性设施。皮亚诺设计的博物馆选用了灰色调，并采取减小尺度的作法以保持与四周建筑的和谐。减小尺度的作法包括立面划分比例和增加四周环廊。在总体布局中形成以教堂、绿地和博物馆为中心的新的社区中心，因此有人称之为"村庄博物馆"，这与强调保护文化传统的地方主义或文脉主义的观点不谋而合。但是皮亚诺设计的核心思想还在于以一种新的结构体系综合地解决采光、通风、承重和屋顶排水等功能的工程技术问题，这种结构体系由钢筋混凝土、折光叶片与轻钢屋架共同构成。博物馆周边的柱廊不仅使建筑造型显得活泼一些，而且也为社区居民增设了人际交往的空间。

皮亚诺在新卡里多尼亚设计的特吉巴奥(Tjibaou)文化中心，更加鲜明地表达了尊重文化传统的倾向，他运用木材与不锈钢组合的结构形式，继承了当地传统民居——篷屋的特色，同时也巧妙地将造型与自然通风相结合。文化中心的总体规划也借鉴了村落的布局方式，10个接近圆形的单体顺着地势展开，根据功能的不同，设计者将它们分作三组并与低廊串连。文化中心的造型有些像未编完的竹篓，垂直方向的木肋微微弯曲向上延伸、高低变化，具有尚未建成的效果，使人联想到后现代建筑艺术常用的表达方式，它隐喻着事物的发展永无止境。特吉巴奥文化中心被美国《时代》周刊评为1998年十佳设计之一。

另一个与环境结合很有特色的例子是1994年建在巴黎的卡提尔现代艺术基金会办公楼，设计者是让·努维尔。这是一幢非常前卫的建筑，很难用笔墨形容，也很难用照片表达清楚。该场区原有一个以法国诗人Chateaubriand命名的花园，种有37棵大树，其中包括诗人亲自种的一棵香柏树，按照巴黎的环保规定均应予以保护。努维尔设计的独特之处在于不仅仅是将树木保护，而且充分予以展示，他沿街布置了几片8m高的布景式玻璃片墙，以替代原有的封闭式围墙。建筑物本身也是四面通透的玻璃墙，大树穿插在玻璃片墙和玻璃建筑之间。透过玻璃片墙看过去，树木经过玻璃的反射与折射，其光影的变化，既有橱窗效果，也有舞台效果，呈现出一种虚幻的、扑朔迷离的景象。

建筑平面规整、简洁，沿街的正面玻璃幕墙向左右延伸与独立的玻璃片墙相呼应。由于城市规划对高度的限制，建筑的大部分是在地下。地面层及地下一层为展厅，地下其余各层的布置是车库、仓库和机房。地上其他各层为基金会的办公用房。建筑背立面正中有三台观景电梯，既可解决垂直交通又可观景。两端的防火楼梯将建筑构图与人流疏散结合在一起。在总体布局中，建筑后面布置的露天剧场与观景电梯柜相呼应，由此可看出，这是艺术与功能需要的结合（图8-1～15）。

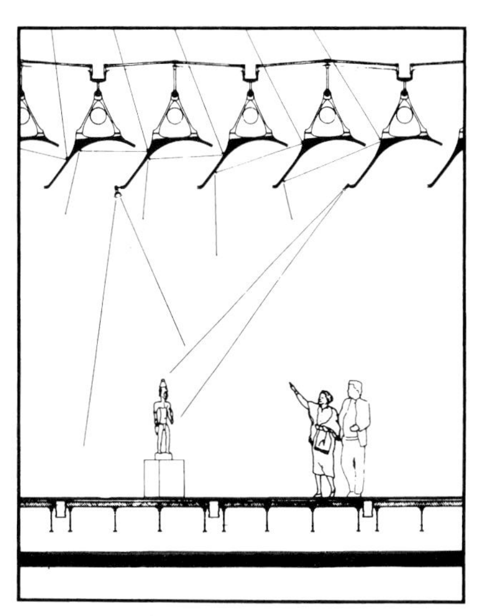

图 8–10　曼尼尔博物馆剖面局部——自然采光与人工照明结合

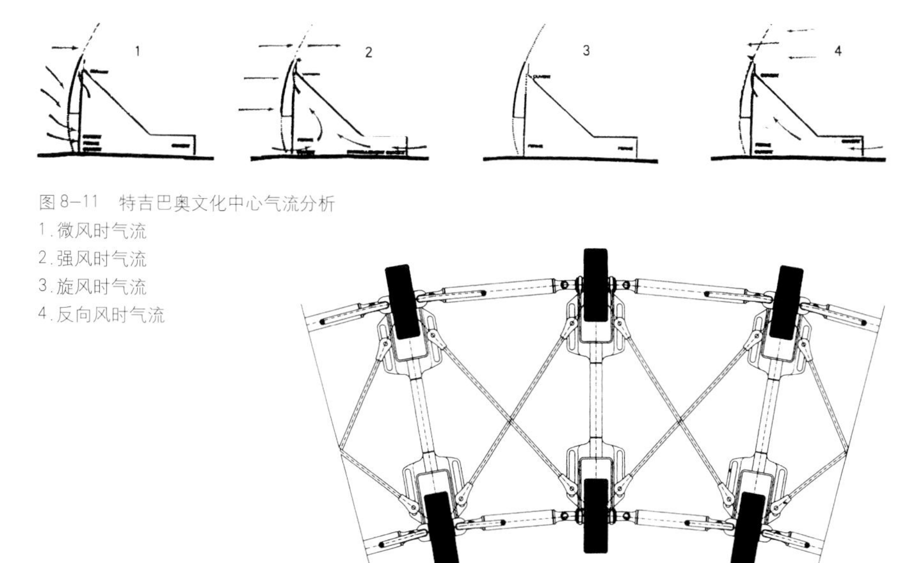

图 8–11　特吉巴奥文化中心气流分析
1. 微风时气流
2. 强风时气流
3. 旋风时气流
4. 反向风时气流

图 8–12　特吉巴奥文化中心结构平面详图

图 8–13　曼尼尔博物馆环廊（右边远处为民居）

图 8–14　特吉巴奥文化中心沿海景观

图 8–15　卡提尔现代艺术基金会办公楼外观

图 8–16　埃森 RWE 办公大楼的模型

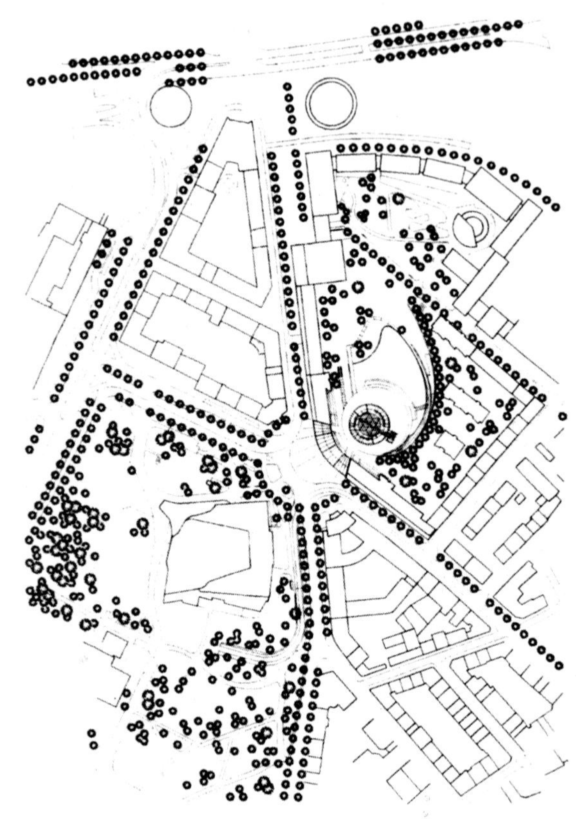
图 8–17　埃森 RWE 办公大楼的总平面

第二节　埃森 RWE 办公大楼，德国

设计：英恩霍文欧文迪克建筑设计事务所

在混乱的建筑群中，圆柱形的埃森RWE办公大楼，矗立在其自带的湖水和绿色花园的环绕之中，25m高的入口环形遮阳棚，使得该大楼整个形体在城市规划的意义上向外扩展，成为一个公共空间。

节约能源，首先在于大楼的形体及设备。圆形平面不仅有利于面积的使用，而且圆柱状的外形既能降低风压、减少热能的流失和结构的消耗，又能优化光线的射入。

透明玻璃环抱大楼，各种功能清晰可见：门厅，办公层面，技术层面，屋顶花园。垂直的交通网位于圆柱体外的长方形的电梯筒内，使人们可以轻松地在每一层辨别方向。塔芯一部分布置设备管道，另一部分则用作内部水平与垂直交通网的连接，如环形楼道等。固定外层玻璃墙面的铝合金构件呈三角形连接，使日光的摄入达到最佳状况。内走廊的

图 8–18　27 层屋顶花园

图 8–19　入口前庭和顶棚

墙面与顶部采用玻璃，使射入办公室的阳光再通过这些玻璃进入走廊，这既改善了走廊的照明状况又节约了能源。大楼的外墙是由双层玻璃幕墙构成，通过内层可开启的无框玻璃窗，办公室内的空气得以自然流通。30 层上的屋顶花园通过高矗的玻璃阻止风力，而得到保护。

大楼的技术设备是根据各种不同功能需要设计的，每个空间都可以按照各自的愿望进行调节，如间断通风或持续通风，照明的亮与暗，温度的高与低及遮阳的范围等。楼层的水泥楼板上还安装了带孔的金属板，使之达到能源存储的目的。

外墙双层安全玻璃中的外层厚度为 10mm，内外层玻璃间隔 50mm，用于有效的太阳热能贮备，同时也提供了节能的可能性。这座大楼 70% 是通过自然的方式进行通风的，热能的节约在 30% 以上。玻璃的反射系数为 0，它清澈如水。不同于一般玻璃幕墙建筑的是，它提供了一个从外向内观看的可能。重要的一点是建筑的整体形状是通过环绕的玻璃墙面来完成的（图 8–16～19）。

图 8–20 大厅室内

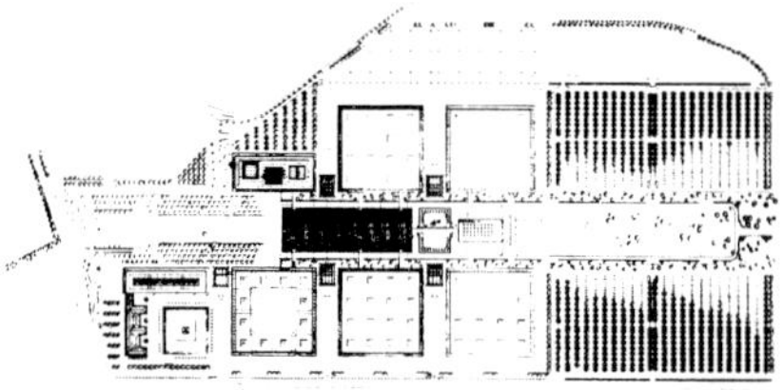

图 8–21 总平面

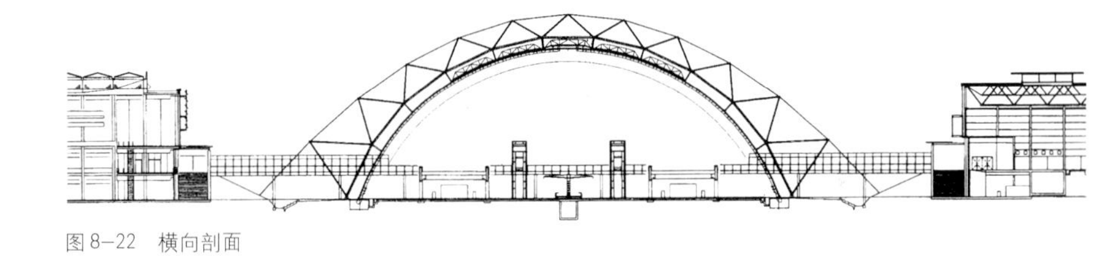

图 8–22 横向剖面

第三节 莱比锡新会展中心玻璃大厅，德国

设计：冯·格康、玛格和合伙人事务所，伊安·特西建筑师事务所

莱比锡位于原东德地区，从中世纪以来就是一个商业贸易中心。新会展中心是位于城市北部边缘地区的一座纪念性建筑。总部在汉堡的冯·格康、玛格和合伙人事务所赢得了新会展中心的设计竞赛，并承担了规划设计和部分单体设计任务。该方案巧妙地将各种功能，紧凑地组织在围绕着园林景观布置的数个展览建筑中，玻璃大厅位于中央。

玻璃大厅位于总占地为 27hm² 的公园中心，是 GMP 事务所与总部在英国伦敦的伊安·里特西建筑师事务所合作的结晶。自从帕克斯顿水晶宫设计中采用了玻璃和钢铁以后，玻璃拱顶成为展览建筑常用的一种原型。莱比锡新会展中心玻璃大厅的设计则将透明和典雅推向了新的高度，而精美的细节设计将二者统一在一起。作为参观者接触的第一个部分，玻璃大厅留给人们一个进步和高效的印象。此外，所有的参观者都要经过该大厅去其他展厅，建筑平面流线清晰，功能灵活。

宽 79m，长 243m 的玻璃大厅能容纳 3000 人，是目前欧洲最大的钢和玻璃结构。拱顶的构造与格里姆肖设计的滑铁卢车站基本相同，只不过采用了标准的玻璃板材，从里面看，整个大厅就像无缝的玻璃拱（图 8–20～33）。

玻璃大厅的环境设计策略是保证冬季温度不低于 8℃，通过地板下的盘管加热。夏季利用盘管中流动的冷水降温，不过主要的降温手段是利用自然通风：拱的顶部打开，接近地面的玻璃板也开启，通过热压差促进自然通风。防止过热的措施是将南侧正常视线以外的玻璃上釉。

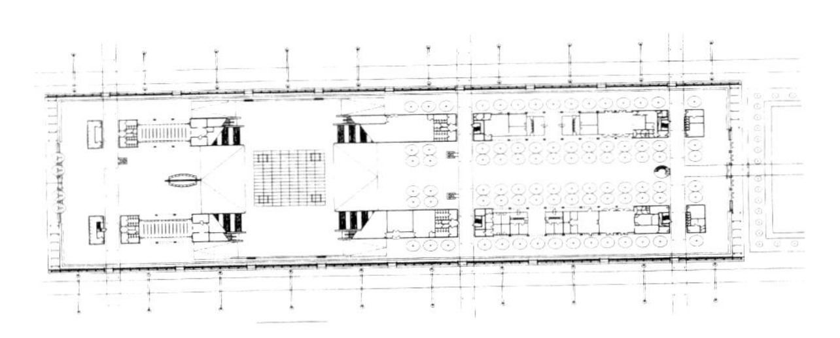

图 8–23　入口层平面

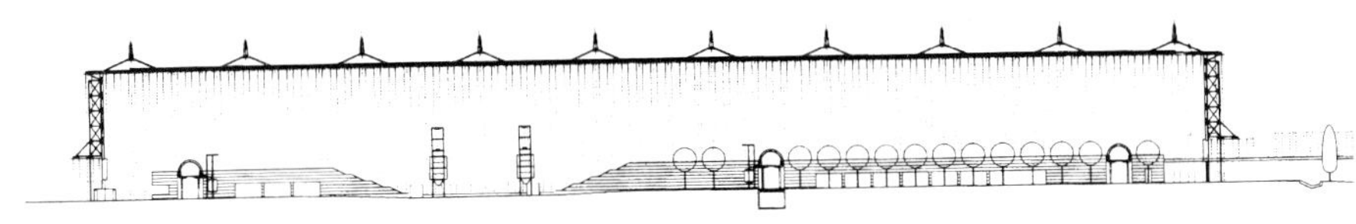

图 8–24　纵向剖面

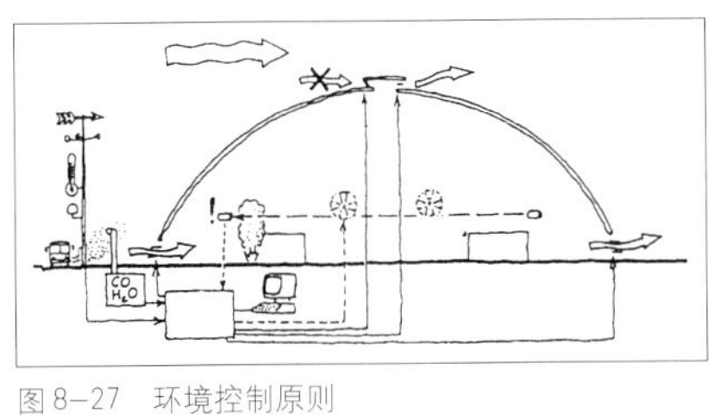

图 8–27　环境控制原则

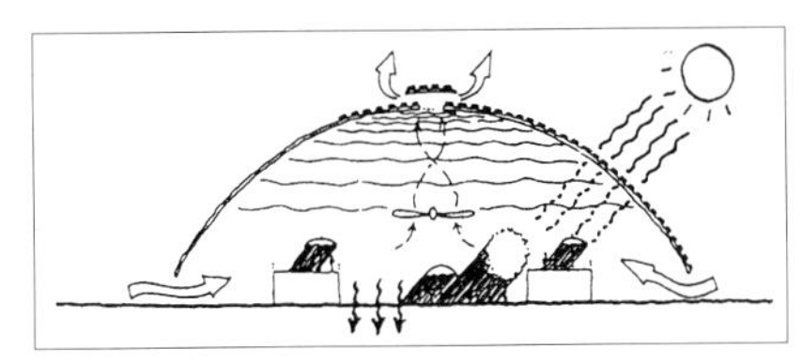

图 8–28　夏季通风遮阳

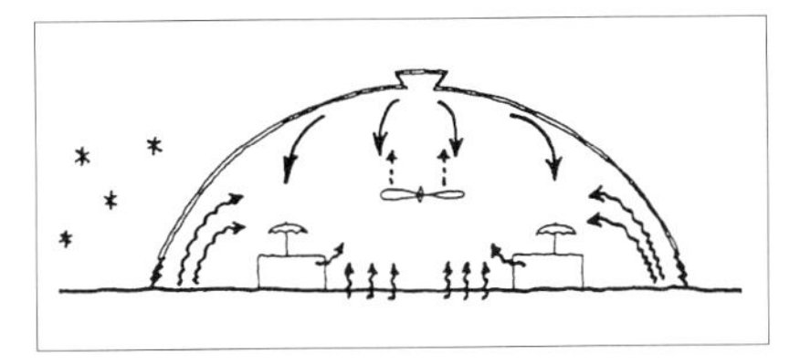

图 8–29　供热示意图

图 8–25　固定玻璃板的钢壁细部

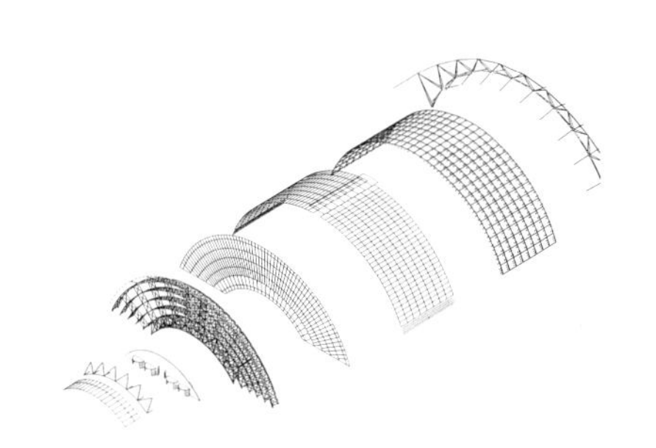

图8–26　玻璃拱顶构造示意图（从左至右：雨篷、入口、立面钢结构、玻璃板、屋顶玻璃板、点支撑构架钢架

图 8–30　鸟瞰

图 8–31　水池、连廊

图 8–32　玻璃大厅细部

图 8–33　室内楼梯

图 8–34　玻璃外廊内景

图 8–35　种蒲公英时的外墙

图 8–36　外观

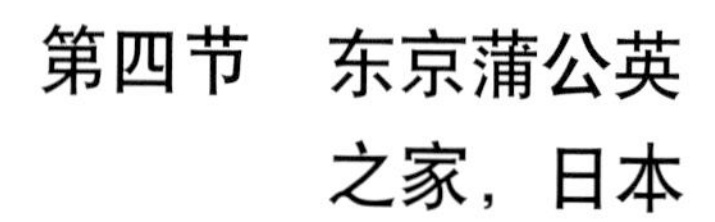

第四节　东京蒲公英之家，日本

设计：（日）藤森照信十内天祥士（习作舍）

位于东京国分寺市的蒲公英之家，近年来不仅是建筑界的热门话题，它同时也唤起了市民的好奇，人们争相前往一睹殊容。在一片绿草坪上坐落着的这座墙上开满蒲公英的住宅，是东京大学建筑历史教授藤森照信设计的自邸。构思来自多年来对于现代建筑如何与绿化共生的思考。他认为建筑屋顶绿化的设计中，人工（建筑）与自然（绿化）在视觉上是分离的，与其说是自然与建筑的共生，不如说是寄生，正如日本特有的"家内离婚"之现象。而建筑之中生长出自然，即建筑壁体的绿化才是人工与自然融合的正道。针对现代主义的Glass大厦，他提出Grass大厦的设想，即将摩天楼改变为"绿天楼"。并在报纸、杂志上提出"蒲公英饰面的超高层"。然而建筑师们无人响应，于是他将这一想法实践于1995年竣工的自邸中。

住宅主体为正方体，屋顶之四面坡在空中收束为一点，形成设计者希望的山形，使建筑"像从大地上生长出来一般"，把根扎在大地上。一层的南、西两面环绕着日本式的在木棂中嵌着小方格玻璃的外廊，夏天开敞，冬天关闭，形成日光室，同时也起到了室内外空间的过渡作用。

作为住宅主角的蒲公英，带状地种植在墙壁及屋顶上。稚嫩的黄花绿叶从灰紫调的石饰面板间探出头来，摇曳着春天。在钢筋混凝土结构上固定着石饰面板以及放置土壤的钢构架。为了解决土壤排水、通风及减轻结构自重等问题，特地选用了穿孔金属板材。

室内空间重温人类住居的原点"洞

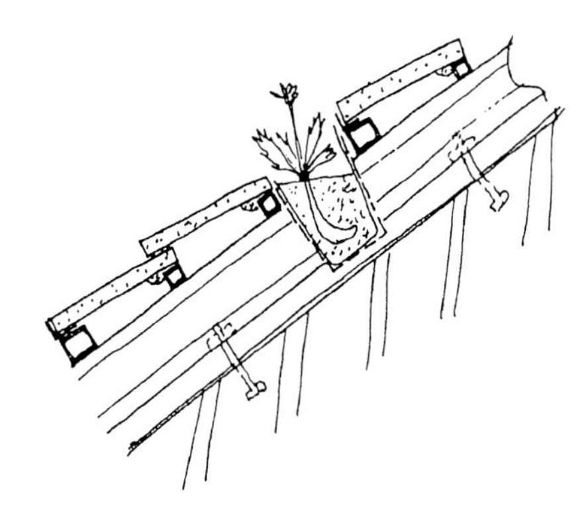

图 8–37　屋顶构造

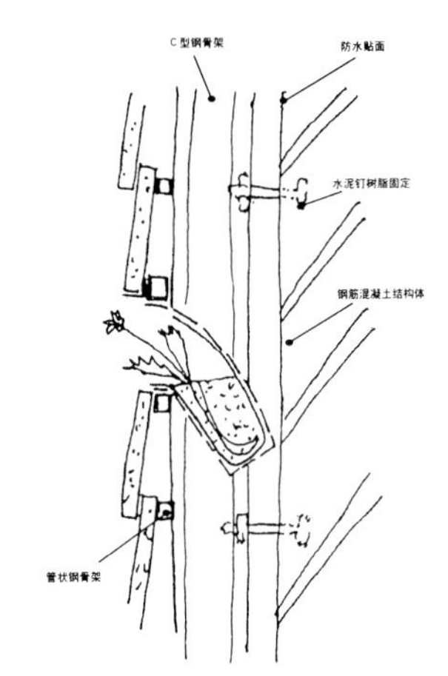

图 8–38　墙面构造

图 8–39　种“死不了”时外墙

图 8–40　和式主室

穴”的效果，探求与现代开放空间相反的自闭性。一层的起居室、客厅兼茶室的和式主室被设计成“木质的洞穴”。从地面、壁面到天花全部贴满木板条，板条之间衬有白色的石灰线。墙面仅设两个窗洞以追求室内光线明暗的剧烈变化。二层主卧室的壁体自然过渡到斜面天棚，形成浑然一体的洞穴式空间效果，由天窗洒下来柔和的阳光照在白中泛黄的墙面上。为了追求室内墙面的自然色彩及质感的柔和度，藤森特意模仿江户时代曾流行的土特产的石灰技术，在石灰中拌有煮透了的稻草末，达到了预期的效果。

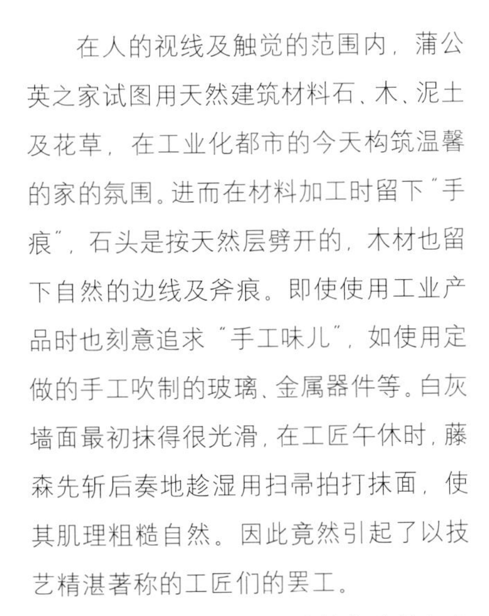

在人的视线及触觉的范围内，蒲公英之家试图用天然建筑材料石、木、泥土及花草，在工业化都市的今天构筑温馨的家的氛围。进而在材料加工时留下“手痕”，石头是按天然层劈开的，木材也留下自然的边线及斧痕。即使使用工业产品时也刻意追求“手工味儿”，如使用定做的手工吹制的玻璃、金属器件等。白灰墙面最初抹得很光滑，在工匠午休时，藤森先斩后奏地趁湿用扫帚拍打抹面，使其肌理粗糙自然。因此竟然引起了以技艺精湛著称的工匠们的罢工。

建筑面积仅有 187m^2 的蒲公英之家是藤森关于建筑绿化这一课题的最初的尝试。因此建成之后出现了一些意想不到的结果。预想中黄花满开的住宅在蒲公英结籽的时候又变成白绒绒的银色住宅。然而结果却是同一面墙上的花开谢时间不一，四面墙上开花的时间差别更大，北面开花的时候，南面已经谢得只剩叶子了，白绒绒的期待未能实现。然而，建筑与绿化共生的探索却预示着 21 世纪建筑的一种发展方向（图 8–34～40）。

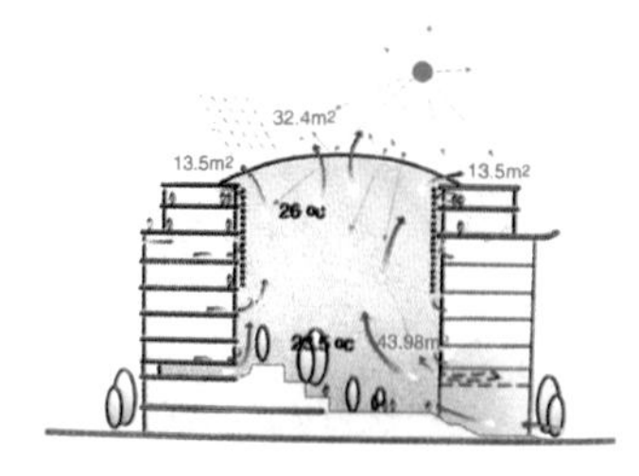

图 8–41 剖面自然通风示意图

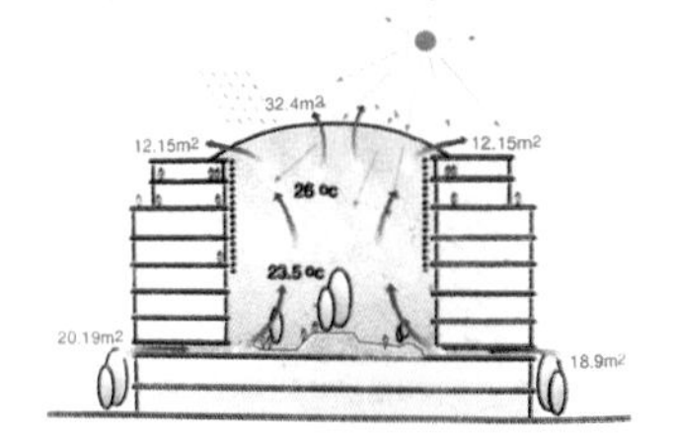

图 8–42 剖面自然通风示意图

图 8–44 全景

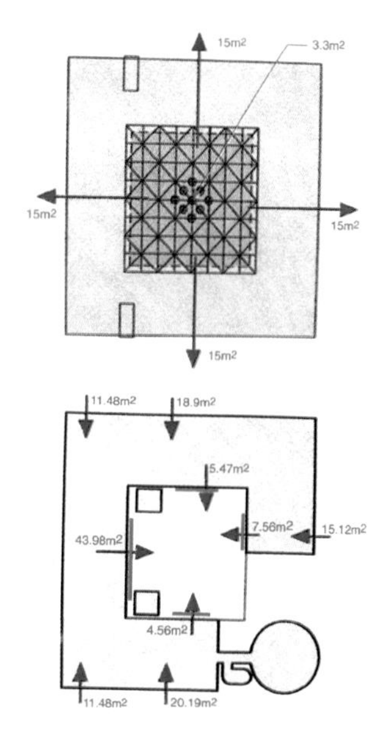

图 8–43 平面自然通风示意图

图 8–45 标志性光厅

图 8–46 疏散楼梯细部

第五节 柏林戴姆勒·奔驰办公楼，德国

设计：理查德·罗杰斯

坐落于柏林波茨坦广场上的三幢由罗杰斯设计的奔驰公司办公楼，以其低能耗的设计赢得了人们的广泛关注。每幢建筑都力图最大限度地利用太阳能，自然通风和自然采光，以建造一种舒适的、低能耗的生态型建筑环境。

东南方向的巨大井口成为这些建筑的重要特征。为了争取最大的采光量，开口宽度由下至上逐渐增加。转角的圆厅尽量的通透，以保证阳光可以直达中庭的深处。南向的坡地式绿色小环境提供了自然的开敞式气氛，并激励社会交往行为的开展（图 8–41～51）。

除了利用朝向外，设计者还考虑体量的通透和虚实搭配，并将视线由屏蔽

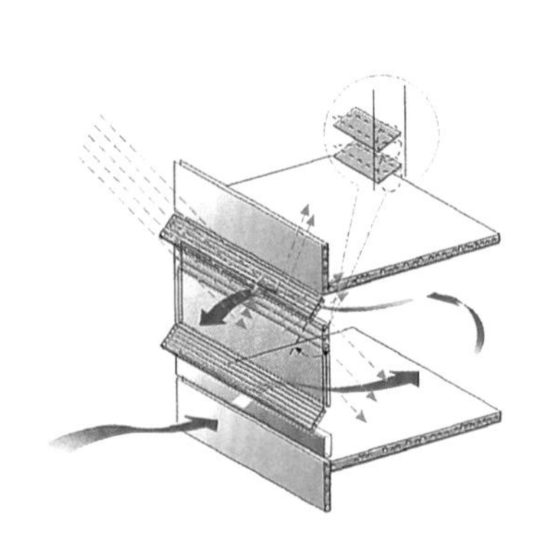

图 8–47　通风示意

图 8–48　剖面

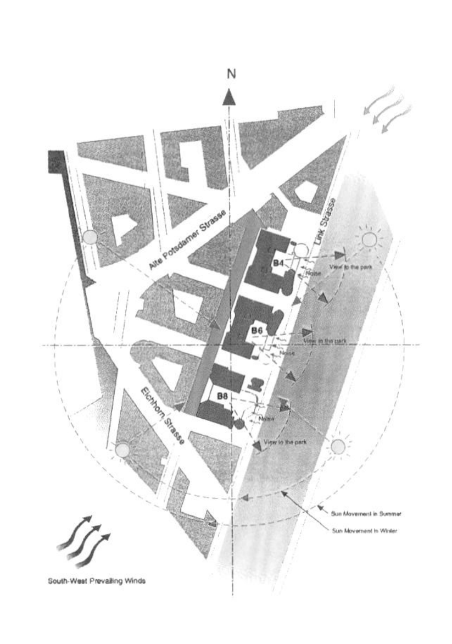

图 8–49　总平面开敞式街块布局

图 8–50　入口过渡空间大楼梯

图 8–51　室内共享空间

到开放的纯美学观念上升到了一个更加技术化的层次。遮阳在这里不但再造了因时间而变化的空间感受，同时保障了太阳能被最大限度地加以利用。

在商业铺面（底层）与其上的办公部分之间有一个空气夹层，它调节了空气流动的规律，加上办公室可灵活开启的窗户和部分开敞的屋顶，使中庭形成了有效的“风管效应式”的自然通风系统，从而改变了中庭的小气候，结点和细部的设计也完全遵循上述原则，建筑外形与窗户的组合都以功能为前提，整个建筑像个功能极强的“工具箱”。

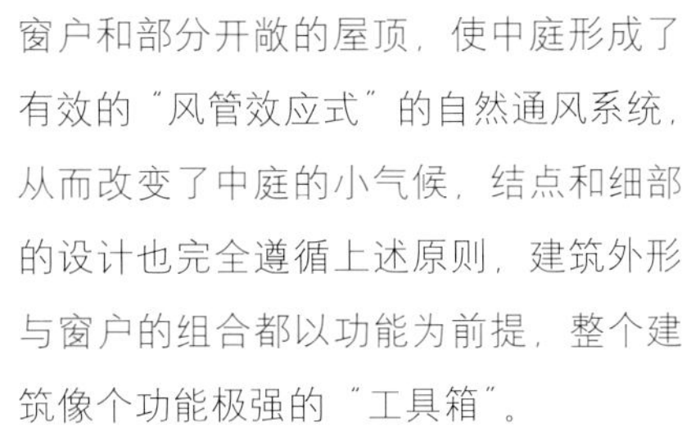

据统计资料显示，罗杰斯设计的这座办公楼要比目前柏林大部分经典办公建筑更为经济。比如人工照明减少35%，热耗降低30%，CO_2排放量减少35%。

图 8-52　汉堡伯拉姆费尔德生态村

图 8-53　联排住宅太阳能集热板

图 8-54　植被化屋顶细部

第六节　汉堡伯拉姆费尔德生态村，德国

设计：LPSB 建筑事务所

在德国大约有 38%的能源消耗是在建筑采暖上。1994 年开始实施两个太阳能供暖的建设项目，其中位于汉堡伯拉姆费尔德的生态村是当时欧洲最大的项目，这个项目对于发展新型供暖能源具有积极意义，它以太阳能替代传统的天然气作为采暖的能源。

这套体系对以往的太阳能采暖体系做了多方面改进。实现太阳能供暖的先决技术条件是新建住宅有很好的保温特性。由于当地的平均太阳辐射状况不是很好，屋顶太阳辐射随季节而变化，因此，太阳能采暖的关键在于蓄热，生态村朝南屋顶的集热器总面积大约是3000m²，它收集到的热量通过收集器网输送到供暖中心，在供暖中心用一个热泵传递到一个大蓄水池中，循环系统和集热器安装在125个住户单元的屋顶上，并与采暖中心联系，每一排住宅通过传热站传递和分配热量，暖气设施直接通过热网进入户内，而热水供应则通过一个约 30kw

图 8–55　雨水收集与生态溪

图 8–56　太阳能采暖供热中心

图 8–57　绿化与遮阳亭

的热交换器来完成。每个房间的供暖设施可根据需要自主控制，同时还能供应热水。热网通过温度自动控制系统进行综合调节。集热器设备采用平板式，根据建筑形式选择不同尺寸。

供热中心是供热系统的核心部分，这里有热量收集分配中心和控制系统，虽然空间不大，但是整个管网的热交换都是在此实现。在太阳辐射提供的热量不足时，启动电热交换器给热网补充热量，它由屋顶太阳光敏感元件来加以控制。

地下蓄水池体积 4500m^2，由钢筋混凝土建成，顶板和侧墙部分采用矿棉作为保温层材料，它的结构在很大程度上取决于当地的地质条件。

整个生态村花费了600万马克，其中400 万用于建造收集器、蓄水池和热管网，平均每个住户单元花费 33000 马克，联邦政府承担了 50%的费用，汉堡市政府承担了 100 万马克。

除了太阳能采暖之外，汉堡伯拉姆费尔德生态村为了降低能源消耗和资源消耗，还采用了遮阳、屋顶植被化、雨水收集、强化墙体保温与蓄热相结合等技术措施（图 8–52～57）。

第七节　弗莱堡的生态小站，德国

设计：K・P・穆勒

弗莱堡市被称为德国的环保之都，许多重要的环保运动都由此地发起，街道一侧静静流动的清澈溪流在整洁的块石铺地映衬下显得静谧而富有生机，有轨电车的专用道也是绿草如茵。良好的生态环境体现了德国的环保传统。

1986年弗莱堡市本地的建筑师穆勒，为在弗莱堡市举行的巴登——符腾堡州园艺展而特别设计了一座小房子——生态中心或称生态小站。然而不幸的是，原来的建筑在建成8个月后，被一场起因不明的大火烧毁了。又过了5年，联邦政府有关机构（德国自然与环境保护协会）与弗莱堡市共同决定，要重建一座经过改进设计的新生态小站。现在的生态小站由坐落在一个小花园里的一所160m²的建筑及其200m外的主花园组成，每个花园里都有一个小池塘。

建筑的主体是由一个隐藏在草坡之下的八边形圆厅构成的，圆厅的屋顶是用来自于黑森林的云杉木料层层升起抹角垒叠起来的。这种设计构思受印第安最大部落纳瓦霍人传统木构技术的影响，即顶部开洞，能够让火塘上空的烟气从那儿散出去。在这个设计中，开洞变成了金字塔形的玻璃天窗，从而使阳光能够透过天窗撒满房间。圆厅的周边是一圈附属房间：厨房、卫生间、办公室和一座冬季花园。朝南的冬季花园以玻璃为外墙，保证了植物生长终年都有阳光。屋顶表面被覆着青青绿草，建筑外连接着芳草萋萋的花园和一片有机蔬菜园圃。

独特的建筑形式与天然建材创造出一种特殊的氛围。与灰色的混凝土相比，生态小站那些土坯与砂岩组成的墙体产生出更令人愉悦的感觉。生态小站的建筑成为学习和了解环保与生态活动的最佳场所，其设计和建造的概念完全可以成为其他建筑的范本。

土坯（复合泥墙）是一种具有上千年使用历史的传统建筑材料，它不仅可以调节室内空气湿度，而且还能够积蓄热量，从而使阳光产生的热能得到最充分的利用。生态小站内部的承重墙是用厚度约为25.4cm风干土坯砖砌成的。在冬季花园中，南向的内墙是用大面包块状的土坯砖砌成，由此增加了墙体表面积，从而能储存更多的热量。东向的外墙是用墙泥、稻草和柳条组成的复合泥墙，适当使用一些石灰砂浆可以确保墙体发挥最大的蓄热特性。

在生态小站的建筑中，一些建材是从毁坏房屋中回收再使用的，例如附属办公室的窗户、木门等，曾经使用过的和预先成型的砂岩为室内环境增添了魅力。厨房装修使用了本地生长的松树和山毛榉树木料，家具使用的是岑树木料，木料中的油脂和蜡质散发出迷人的芳香，给人带来亲切自然的居家感受。

生态小站的能源概念基于一套完整的内容，这些概念同样可运用于其他建筑。在木屋顶里，使用绝热疏松体（由废纸轧制而成）起到绝热的作用。地板下有一层14cm厚的软木来防止热量散失。土坯墙同样可以用来隔热。

被动式的太阳能利用与结构形式结合成一体。例如，朝西的墙体虽然经受风吹雨淋，但接受日照的时间也长，25cm厚的特殊砌体可用来积蓄热量。室内也有接受太阳能量的大面积20cm厚的土坯墙，这种墙体表面不需要再做特殊处理，虽然表面是浅颜色的，还是能满足蓄热要求。

冬季花园朝向东南和西南，玻璃锥、玻璃廊以及朝西和朝西南的高窗为建筑获取最多的阳光，最大限度地积蓄太阳能。

生态小站的太阳能收集器是一个十分简易的系统，每个家庭都能以合理的价格在家里安装。即使在冬季，冷水也可被小幅度地加热，例如从10度加热到15度，这些热水可以用来洗澡或房间采暖。

生态小站的光电能系统是弗莱堡市第一个并入电力网的生态能源工程。生态小站生产的多余电能出售给当地电力供应商。因此，只要阳光灿烂，生态小站小小的太阳能发电站就能为弗莱堡市市民供应自然的能量。发电站由24组太阳能光电板组成，每组光电板上有36块光能电池，能够为生态小站提供高达1000W的电能。

1994年1月，弗莱堡市通过了一项新的法案，以鼓励使用作为未来新能源的太阳能。这项法规也使得生态小站获益匪浅，因为用电高峰时的电价较高，生态小站并入城市电网的电能可得到可观的差价。

生态小站采用的太阳能系统的价格大约为15000欧元。这比新建一个厨房或双车位的车库还便宜。

在冬季，生态小站由中央供热系统中的热水提供采暖，中央供热系统的能源来自燃气。嵌入土坯墙中的铜管将热量通过热水分配到房间各处，这些热水

图 8-58　外观

图 8-59　太阳能光电板

图 8-60　鸟瞰

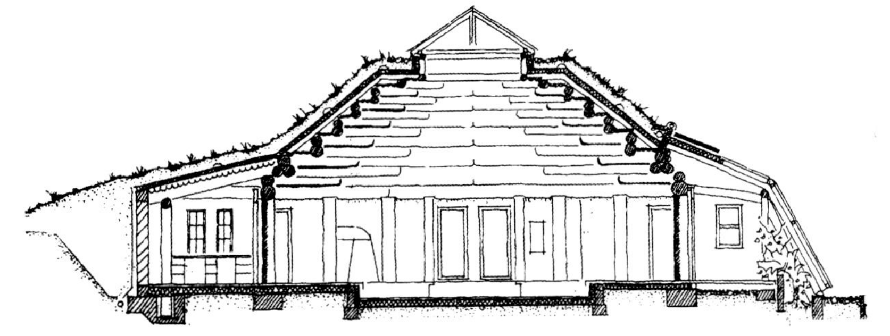
图 8-61　剖面

图 8-62　外观

充满在房间里的散热器中。散热器根据人们认为的舒适感觉来仔细排布。圆厅里的壁炉是烤面包用的，用木柴做燃料，热量储存在壁炉的厚墙中，并以 3 ~ 4kWh 的功率辐射到房间里，即使在炉火熄灭 2 天后还能感觉得到。

生态小站屋面上的雨水被收集到地下的一个水窖中，这些水用来冲洗厕所和灌溉冬季花园中的植物。

每年大约有10000多位到访者，包括了来自世界各地的各种家庭、青少年、学生和专家。他们来到生态小站，欣赏小屋与生机盎然的花园的迷人的气氛，研究自然与环境的保护。幼儿园和小学校的孩子们能够在生态小站这——〝绿色课堂〞中发现自然。儿童们在附近的池塘中发现蜻蜓蛹、青蛙和水虱，他们还时常来学习如何减少垃圾废物的生产或参与〝光能日〞活动。他们学习如何种植蔬菜，如何制作香草茶、香草奶酪以及如何搭建暖棚。

在〝绿色课堂〞中发现自然是弗莱堡市生态小站有关自然与环境的重要工作内容。超过150个小组和班级的孩子（大部分是学龄前儿童和小学生）每年都要到生态小站来，用他们的双手、心灵和智慧来体验自然，并把这种感受带回家。特殊的培训和特别的讲座形成了生态小站教育分部最与众不同的特色。

生态小站提供各种各样的信息，内容包括太阳能发电、生物学园艺技术、堆制肥料、生态建筑、公众活动及其他的由联邦政府发起的有关活动。圆厅（座谈区）可供出租，用以学术研讨和会议，特别是本地的21世纪议程会议。

将低技术与高技术综合使用的手段是德国生态建筑的普遍经验。好的建筑并不一定需要昂贵与奢华，而是要认真思考如何才是人类与自然和谐共享的桃花源境，从这小小的生态小站我们可以得到很多启发（图 8-58～62）。

图8-63　屋顶天窗

图8-64　外观

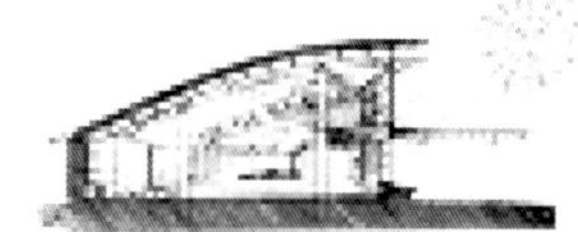

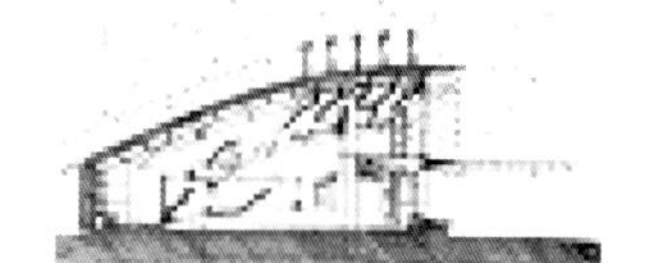

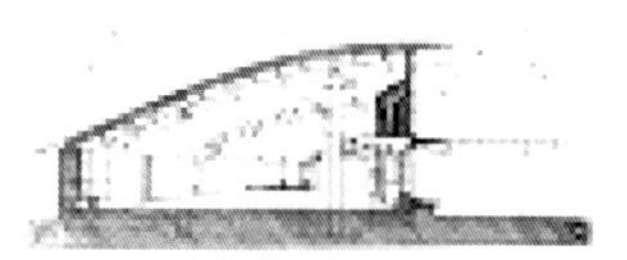

图8-65　展示夏季白天、夜晚，冬季白天、夜晚环境设计分析

第八节　霍普兰德太阳生活中心，美国

1999年，美国建筑师协会选择了10座本土建筑作为现阶段可持续建筑创作的范例，并把它们列为该年地球日十大绿色建筑，用以说明可持续发展的概念正在积极地和多渠道地深入建筑设计之中，其中列为首位的是位于旧金山以北霍普兰德山谷中的太阳生活中心（Real Goods Solar Livhg CenterHopland California，以下简称SLC）。该中心建于1996年4月，占地约50000m^2，是美国生态制品公司RealGoods的商品展示基地。总建筑师为伯克利加大建筑教授兼生态设计所主持人西姆·范·德·瑞（SimVanderRyn），并配合景观建筑师、建筑物理学专家等各专业小组共同完成。

譬如，SLC设计小组在设计前期就是通过对场所因素的整体分析确认两点因素作为突出考量的对象，即场所所在的冲击而成的平坦地貌，及其受相应地理影响而成的微气候。试验表明，场所地基含水量丰富的砂砾层可以提供充足的水体作为环境中温湿度的调节体，并满足景园中植被的需求。另外对场所微气候的详尽分析也是气候反应设计的关键。在气候上，霍普兰德山谷与邻近的湾区不同，它位于离海岸80km的内陆地区，与海洋间有丘陵所隔，年均降雨量99cm，且主要集中在冬季，夏季干燥炎热；年均风速9.6km／h。这种区域微气候表明，在这样的地区风力发电的效果并不显著，但一年中长期的充足日照却为太阳能发

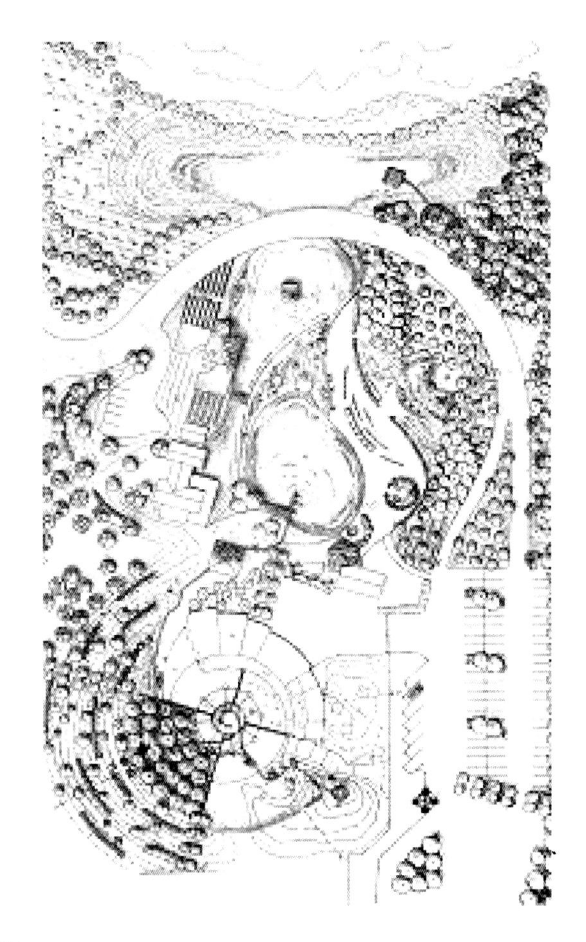

图 8-66 SLC 总平面
A 展示 B 观景日冕 C 室外教育娱乐场 D 更新能源控制室 E 太阳能、风能发电基地
F 防噪景观 G 种植园 H 水池 I 生态池塘 J 地方植物群落

图 8-67 储藏用房

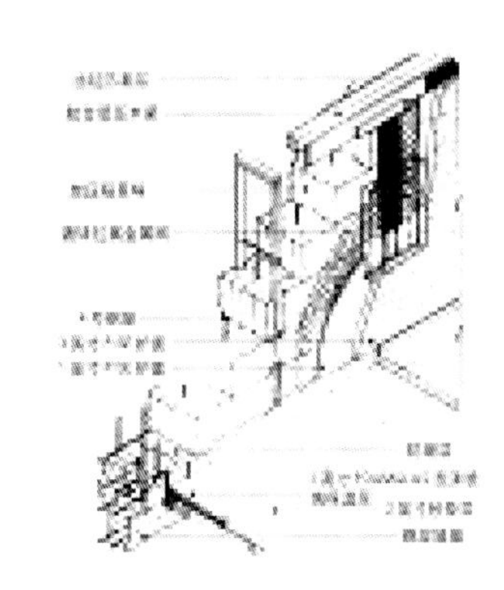

图 8-68 建筑墙体剖面

电提供了优势。同时也表明，在设计策略中供暖同降温相比并非主要因素，原因在于这一谷地冬季气温温和，且白日的日照可以提供足够的冬季加热；然而对于夏季中 38 度的炎热天气，降温就显得异常重要。在 SLC 的设计中，遮阳（遮挡强烈的日同晒）、蒸发降温以及利用夏季凉爽的夜晚进行通风（由于该地区昼夜温差较大），成为降温的主要手段。

另一方面，场所的景观设计也充分体现着可持续发展的思维，其概念集中体现为"Biophilia"，即对园艺学、植物学、自然历史、环境伦理学以及地方主义的综合认知。它具体表现在：①生态环境的多样性，促进生态网络系统的完善性；②具有生产与经济效益的景园，即景园经济化、田园化，力求美观、经济和实用。例如种植果树、草药等经济作物；③对原有地区自然生态环境的恢复，以形成动植物赖以生存的环境。SLC的主要方法是恢复地方性植物群落。同时，其灌溉系统也是绿色的，即利用太阳能作为动力驱动自洁自净的地上地下水循环系统（包括中水回收利用），并为各类生物提供栖息场所。

实际上，对设计者而言，无论是表面上多么平凡的场所，在它的表象深处都存在着为可持续发展而设计的契机。对场所中宏观以及微观环境因素的创造性利用和升华往往可以取得巨大的效益，以提高整体环境的能量表现，舒适度、健康成分以及愉悦感，更重要的是促进个体环境对更大规模环境的贡献（图 8-63～68）。

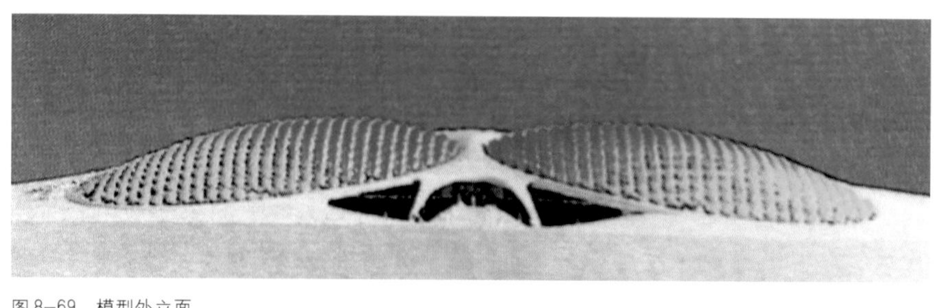

图 8–69　模型外立面

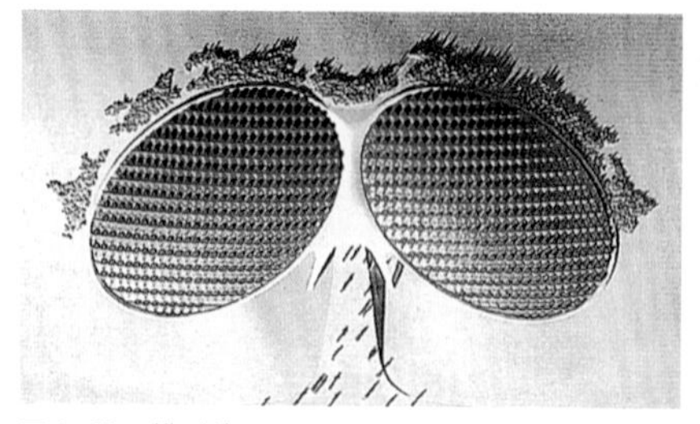

图 8–70　模型外观

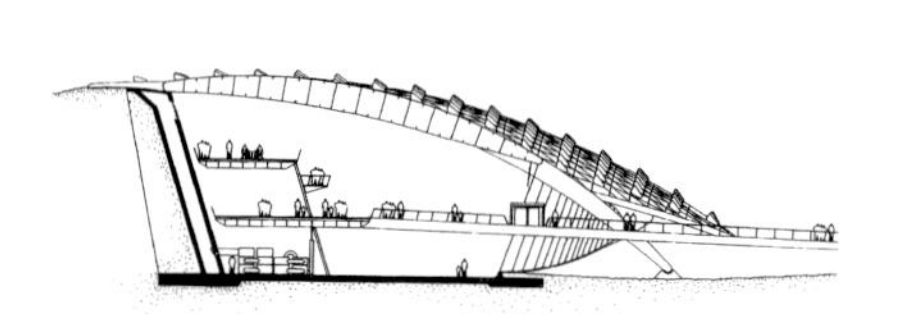

图 8–71　剖面

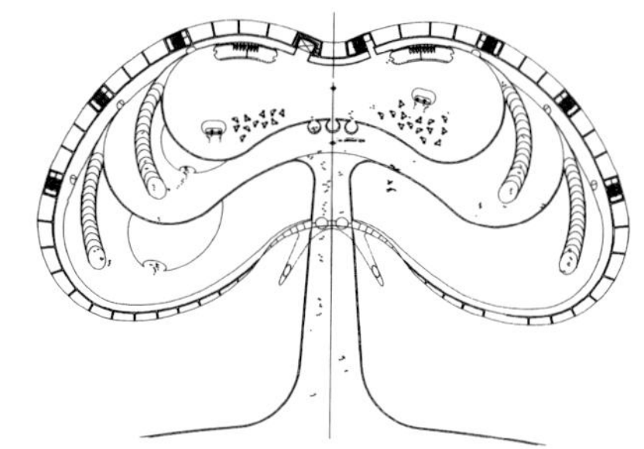

图 8–72　平面

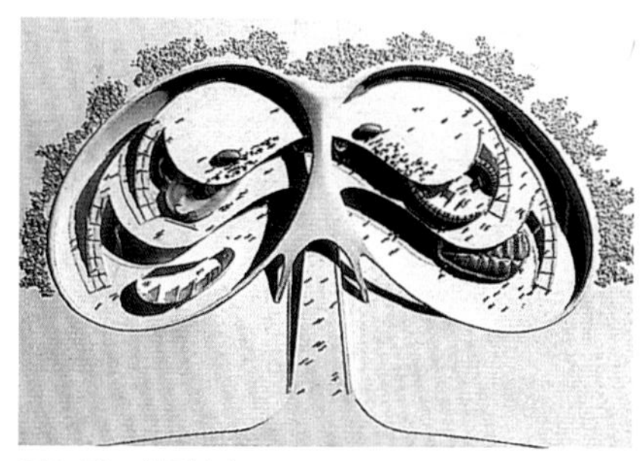

图 8–73　模型内部

第九节　顿卡斯特“诺亚方舟”，英国

“诺亚方舟”是集生态学展示中心和会议中心为一体的建筑设计。它占地10000m²，坐落在顿卡斯特郊区的一个旧矿址上。设计展现出生态学技术在建筑上的多种应用可能和巨大的开发潜力。对“未来系统”来说它是世纪性的技术成果，是受建筑界瞩目和表现力极强的新颖设计（图 8–69～73）。

建筑南面背靠一个悬崖。内部分为3层，外面被一对椭圆形屋顶覆盖着，如同两个蝴蝶翅膀。诺亚方舟整体结构简单，中央一根主梁搭靠在悬崖上。两个椭圆形屋顶的结构和功能却比较复杂，它们具有双层“皮肤”结构，即在三角形预应力混凝土和金属轻型结构上，铺设铝合金圆筒和太阳能集热板；第一层的圆筒是为了确保建筑的通风，第二层的集热板可以吸收太阳能，为室内供电与供暖。通风口被设计成圆形，一方面可以增加下面集热板的受光面积，有利于吸收太阳光线；另一方面有效地利用了自然光。通风与供热系统是相对独立的，其使用和控制受气候和季节的影响。比如，夏季屋顶会充分打开，排出室内废气，引入新鲜空气，达到天然空气调节的目的；冬季，太阳能集热板和天然气锅炉为室内提供热量。暖气用水大部分来自建筑物底部蓄水池中的雨水。

“诺亚方舟”的建筑结构使我们想起“未来系统”曾为法国图书馆提出过相同的结构设计和采用低能耗模式的建议。其实，法国图书馆的设计和“未来系统”的其他一系列设计概念是统一的，通过这一系列的设计，未来系统逐步提出并

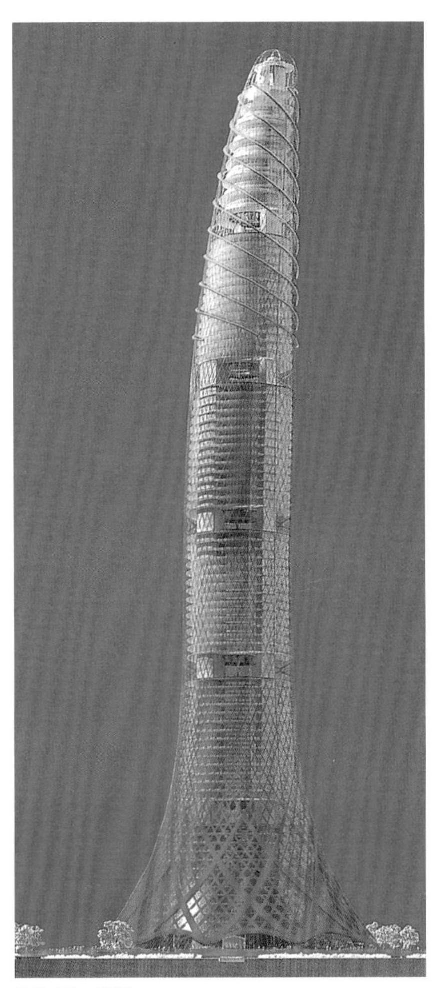
图 8–74　模型

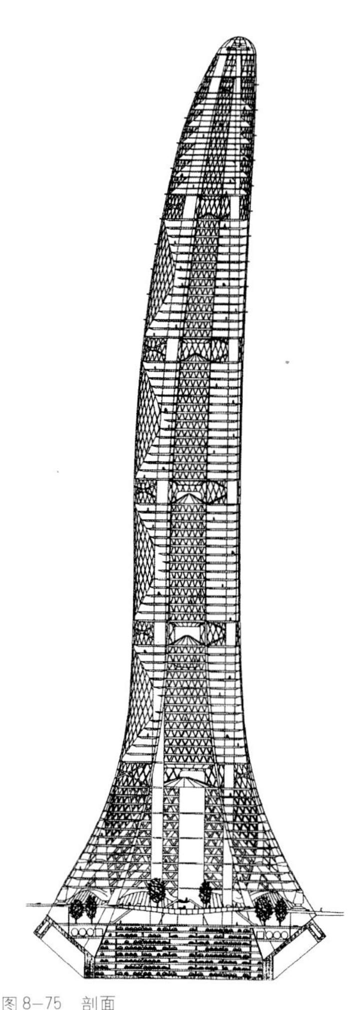
图 8–75　剖面

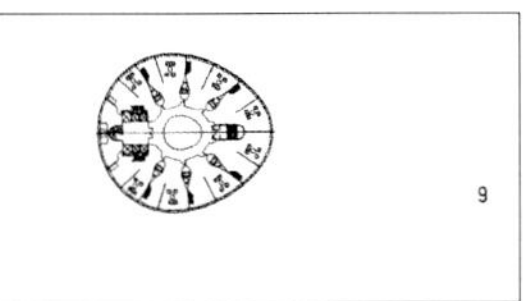

图 8–76　97 层平面（住宅）

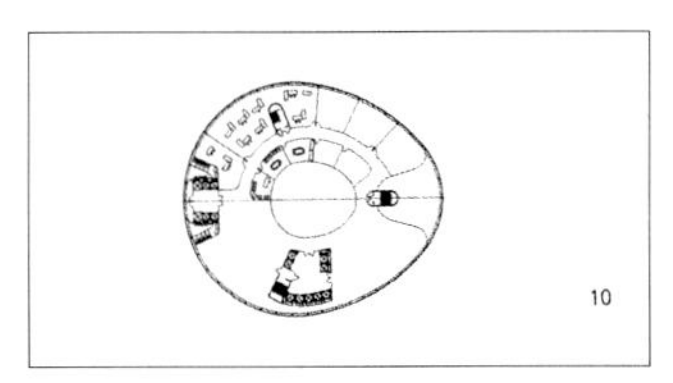

图 8–77　58 层平面（办公）

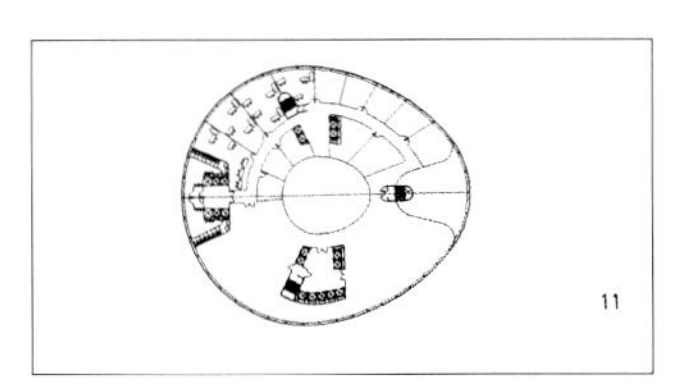

图 8–78　24 层平面（办公）

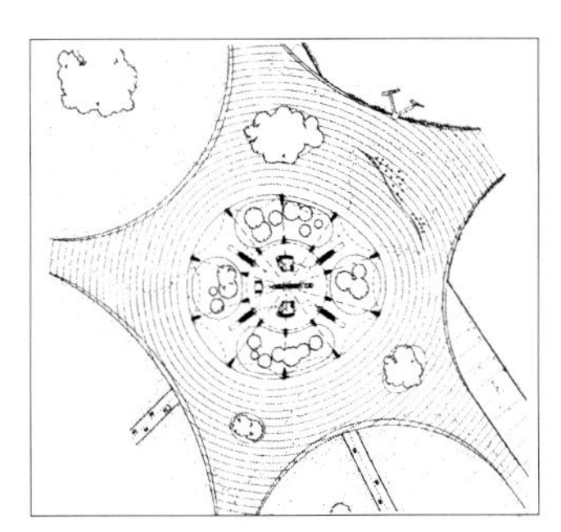
图 8–79　首层平面

确立了低消耗仿生学的建筑概念。

第十节　绿鸟，伦敦

体量庞大的摩天楼的节能效率较低是公认的事实。有时当室外温度达到 10°C 时，就需要启动空调制冷系统。"未来系统"希望通过绿鸟设计来改善摩天楼的这个缺点，并且探索通过在城市中心建设摩天楼来解决当代城市发展所遇到的问题：诸如能耗过高、交通混乱、无秩序发展以及社区荒漠化，人情淡漠等等。

城市尺度的综合摩天楼可以提供多种模式的生活，其间的工作生活环境也可以很舒适。节能策略和摩天楼的定位同其尺度有着密切的关系。"未来系统"认为最简便有效的方法就是设计新的结构体系和建筑体量，考虑立面的本质特征，充分利用摩天楼的高度，借助"烟囱效应"来解决自然通风系统。由此"未来系统"设计出一种新形式——最经济有效的节省材料，同时最大限度地考虑了空气动力学的原理——圆形平面，双曲线立面。不同层次的自动控制系统通过不同的颜色以及摩天楼顶端螺旋上升的形式表现出来。立面上镶嵌的光电池板能够为摩天楼提供必需的能源。"未来系统"正在进行的多项研究将证明这座摩天楼会在能源供应方面达到自给自足，同时也将纠正在摩天楼设计方面已有的一些错误观点（图 8–74～79）。

图 8–80　伦敦方案模型

图 8–81　伦敦方案模型

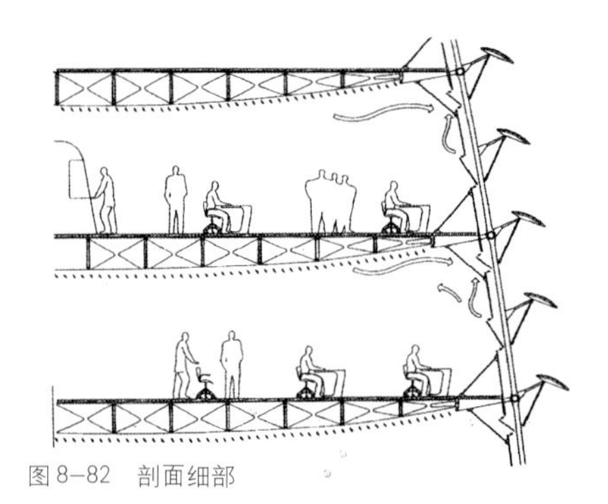

图 8–82　剖面细部

第十一节　“Z”计划，伦敦，图卢兹

这两个方案是欧洲一项研究计划的成果。这项计划是研究恶劣环境下的建筑设计，其中一个重要的问题就是如何解决空气污染对建筑的影响，同时也研究建筑材料的使用寿命，材料构造方式、回收利用的可能性以及它们对环境的影响。

考虑到伦敦与图卢兹的气候差异，“未来系统”设计了两个遵循同样的原理，但形式却不同的方案。两个方案都考虑了能源自给的措施——伦敦方案是用风力发电，而图卢兹方案则是利用太阳能。

伦敦方案是多功能的，建筑被分作两部分，中间的空洞安装风力发电设备。建筑迎向主导风向，保证能提供充足的风能源。

图卢兹方案是密集式布局，立面与屋顶都用来采集太阳能（图 8–80～87）。

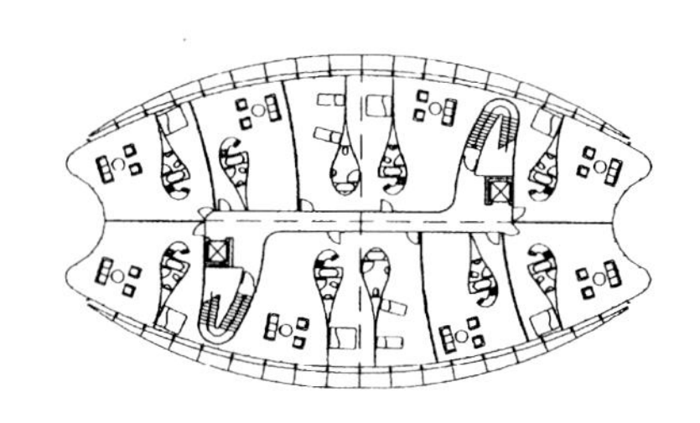

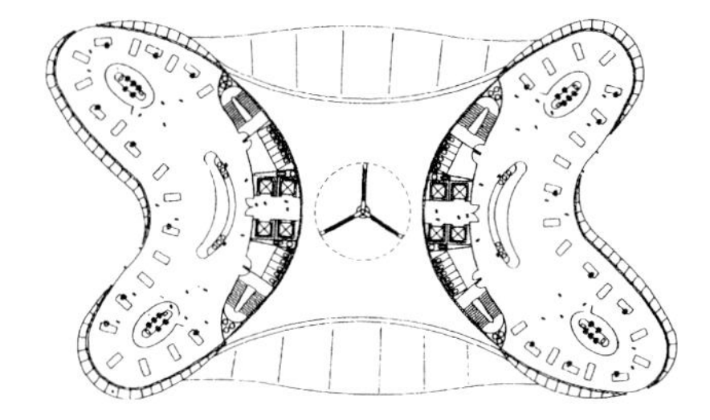

图 8—83　平面

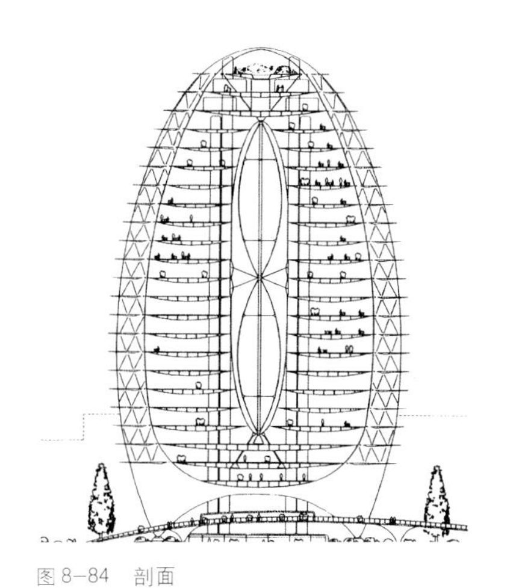

图 8—84　剖面

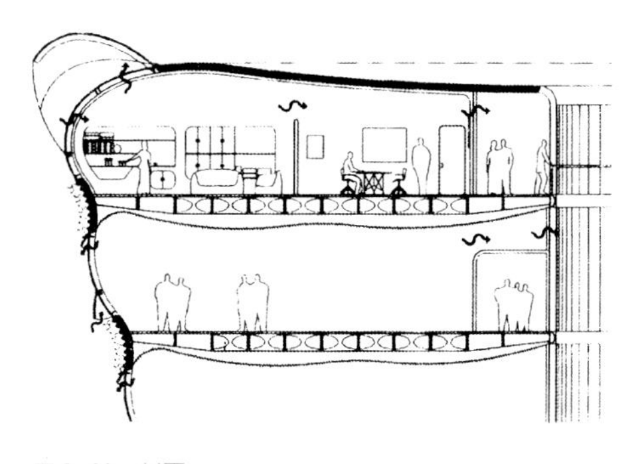

图 8—85　图卢兹方案里面

图 8—86　剖面

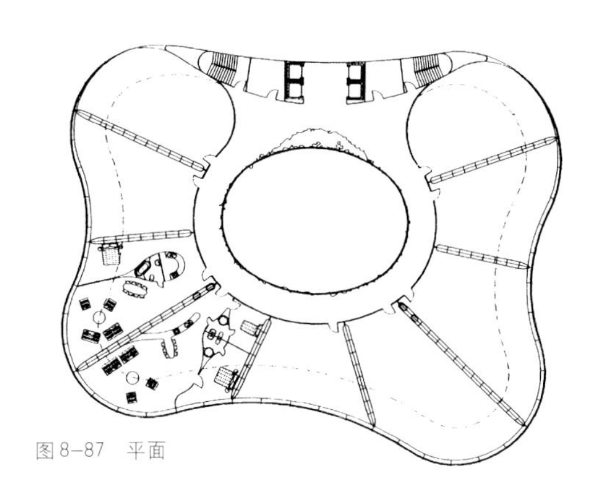

图 8—87　平面

结　论

在生态建筑中有下述 4 点是非常重要的：

(1) 普及生态概念，强化生态意识，培训生态专业人才，建立生态示范工程，是推进生态建设必要的社会条件。

(2) 政府的政策导向，法律法规的健全，评估标准的建立，生态规划的制定，是推进生态建设必要的法制条件。

(3) 多方向的研究探索、多学科的交叉合作，发挥地方优势、发展适宜技术是推进生态建设的必要技术条件。

(4) 研究和引进生态技术，加快成果转化，形成系统化的生态产业，是推进生态建设的必要物质条件。

保护自然是我们在任何时候都在提倡的生存原则，也是前面各项原则的提携者。而作为单独一项，主要是考虑许多城市中心缺乏绿地而造成的人类健康和心理压力等问题。一棵树的存在可以供养4个人的呼吸，再次提出树木(相对于草皮)在绿色环境中的重要性。并强调在大规模房地产开发中，应加强维护环境的法制监督。

西方发达国家在工业革命后的一段时间里，许多国家经历了一段破坏自然、盲目开发的过程。但两个多世纪以来，人口发展相对缓慢，以其先期发展占据了经济、资源优势。并且，早在19世纪花园城市和景观建筑等体现绿色环境的概念与实践也已经开始，到当代更有比较坚实的观念基础与实践条件。我国目前的建设状况，正为各方面都经常在说的一样：既是机遇，又是挑战。以我国的人口与资源相比，从当前世界经济、资源格局等各种因素来看，在环境问题上面临的挑战的因素是相当多的，如果不抓住机遇，将来的问题会很多。

我国的绿色建筑建设还处于初期研究阶段，缺乏实践经验，许多相关的技术研究领域还是空白。近年来，有关部门围绕着建筑节约能源和减少污染等方面颁布了一些单项的技术法规。建设部科技委员会已经组织了有关专家，制定出版了一套比较客观科学的绿色生态住宅评价体系——《中国生态住宅技术评估手册》。其指标体系主要参考了美国能源及环境设计先导计划，同时融合我国《国家康居示范工程建设技术要点》等法规的有关内容。这是我国第一部生态住宅评估标准，是我国在此方面的研究上正式走出的第一步。当然，绿色建筑评估是一个跨学科的、综合性的研究课题，为进一步建立我国完整的绿色建筑评价体系及评估方法，我们还需要借鉴国外先进经验，进行更加深入有效的探索。

绿色建筑是许多发达国家长期发展后进行理性反思的结果。我们是发展中国家，发展是主题，尽管推行绿色建筑面临许多困难，且任务又十分紧迫和繁重，但我们有许多有利条件：

(1) 有中央的"可持续发展战略"指引。

(2) 有《中国21世纪议程》的实施框架。

(3) 有社会众多的有识之士的热心倡导和认真实践。

(4) 有国际上各方面的成功经验可供借鉴。

(5) 严峻的资源环境形势日益被各级领导和广大群众所认识和理解。

(6) 有党中央和国务院的坚强领导，有各级党政领导的积极跟进。

课后思考题： 补充绿色设计方法。以绿色设计的方法分析建筑3例，解析其绿色设计的方法。

师生互动

学生： 建筑需要遮阳，室内不需要自然采光吗？

老师： 有效的控制遮阳，对太阳的高度角和方位角进行准确的控制，可以在夏季降低室内温度，在冬季引入阳光，提升室内温度，达到节能效果。

学生： 在绿色设计中，有很多种发电的方法，为什么建筑中风能发电使用较少？

老师： 制约风能发电的弊端是致命的，首先它不稳定，要依靠风这种最难把握的能源。其次它的前期投入太大，几乎是火力发电的两倍，但是发电量却只是占总发电量的一小部分。折合起来风力发电的成本还是较贵的。再次风能发电需要特殊的气候和地理条件，一般地区难以实现，最后风能发电还有其噪音较大的弊端。所以风能发电目前不适合普遍使用。

中国高等院校

THE CHINESE UNIVERSITY

21世纪高等院校艺术设计专业教材

建筑·环境艺术设计教学实录

学生模拟课题作业点评

绿色设计课实践实录

绿色设计课程教学任务书

教学总体计划

CHAPTER 9

教学实践与学生作品评析

第九章　教学实践与学生作品评析

一、学生模拟课题作业点评

薛楠《多功能博物馆》

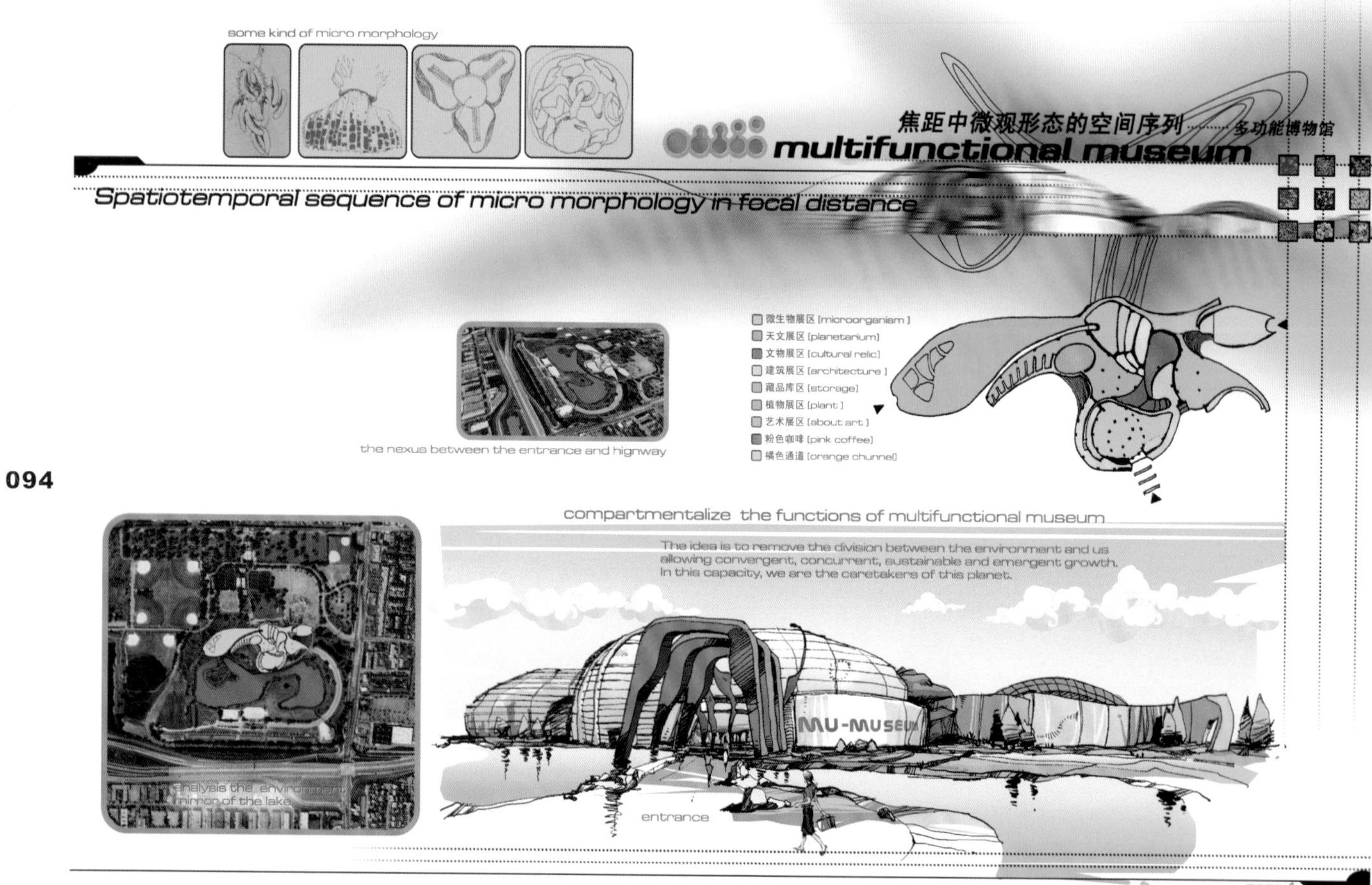

图1

师生互动

学生：我国是发展中国家，绿色设计的方法还没有普及，我国的现状究竟如何？

老师：迄今为止，还没有一个国家像中国这样面临如此巨大的经济发展和保护环境的双重压力，既要保持连续二十多年年均9%的经济增长速度，又要遏制环境恶化的趋势。

2002年，全国环境污染治理投资占GDP的1.33%，比例之高在发展中国家名列前茅，但环境状况仍很严重。2002年，七大水系干流及主要一级支流的199个国控断面中，其中有5类及劣有5类水质断面超过50%；在重点监测的343个城市中，有三分之一以上的城市空气质量劣于三级。全国污染物排放总量远高于环境容量，国家环境安全形势严峻。

2003年夏季，中国17个省市拉闸限电；进入冬季以来，华东、华北、华南近10个省市拉闸限电，严重影响了居民生活和制约了经济的发展。2003年，全国用电增长速度高达14.7%。2004年中国能源消费和石油消费均将仅次于美国位居世界第二，30%以上的石油依赖进口。据测算，到2020年，中国石油对外依存度将高达60%以上，国家能源安全堪忧。

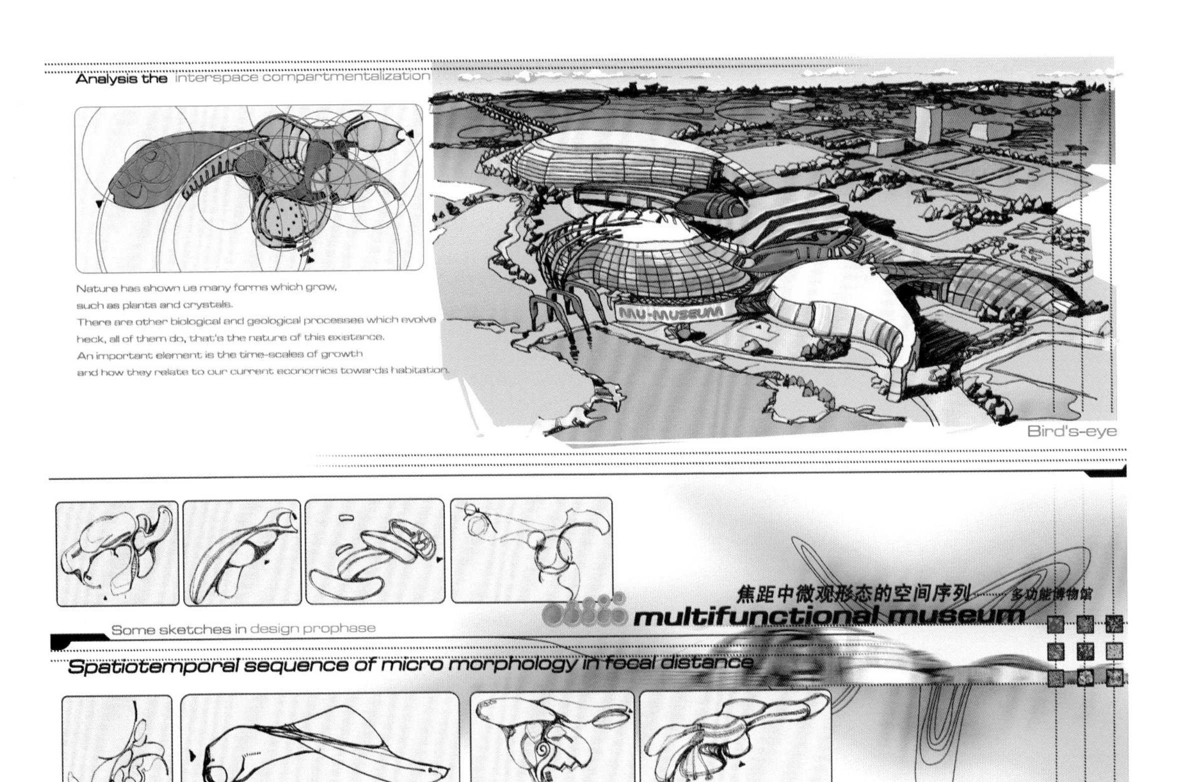
Analysis the interspace compartmentalization
Nature has shown us many forms which grow,
such as plants and crystals.
There are other biological and geological processes which evolve
heck, all of them do, that's the nature of this existance.
An important element is the time-scales of growth
and how they relate to our current economics towards habitation.
MU-MUSEUM
Bird's-eye
焦距中微观形态的空间序列……多功能博物馆
multifunctional museum
Some sketches in design prophase
Spatiotemporal sequence of micro morphology in focal distance
page 2

图 2

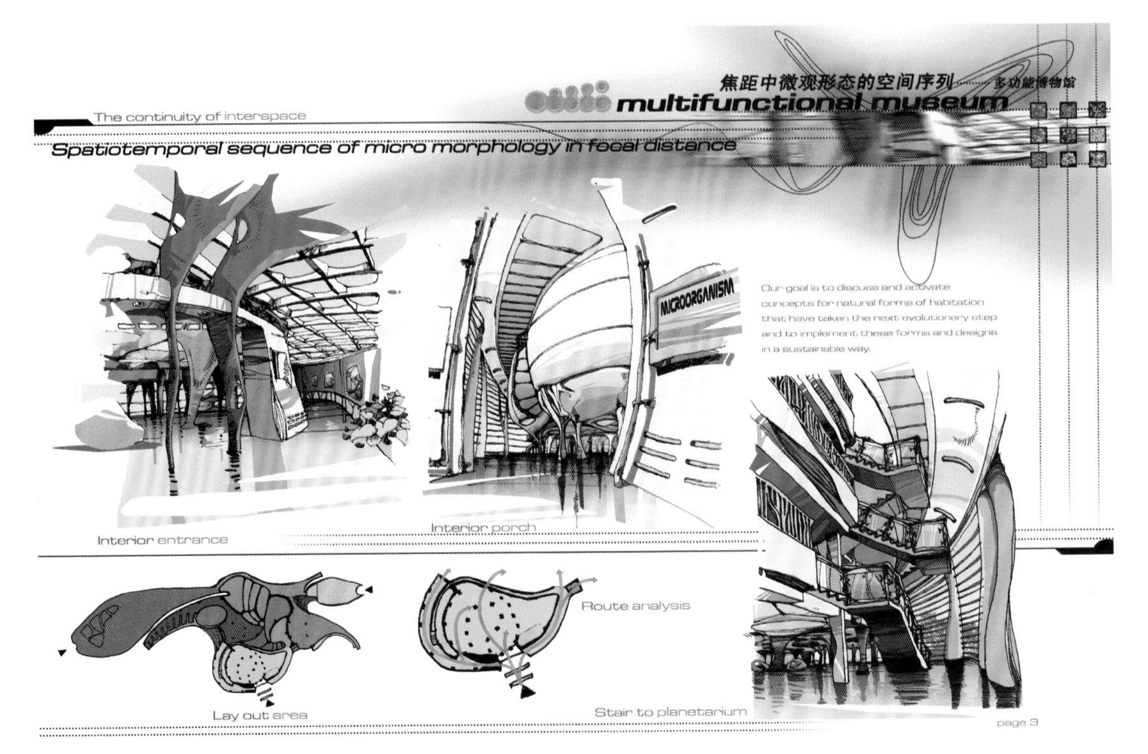
焦距中微观形态的空间序列……多功能博物馆
multifunctional museum
The continuity of interspace
Spatiotemporal sequence of micro morphology in focal distance
MICROORGANISM
Our goal is to discuss and activate
concepts for natural forms of habitation
that have taken the next evolutionary step
and to implement these forms and designs
in a sustainable way.
Interior entrance
Interior porch
Route analysis
Lay out area
Stair to planetarium
page 3

图 3

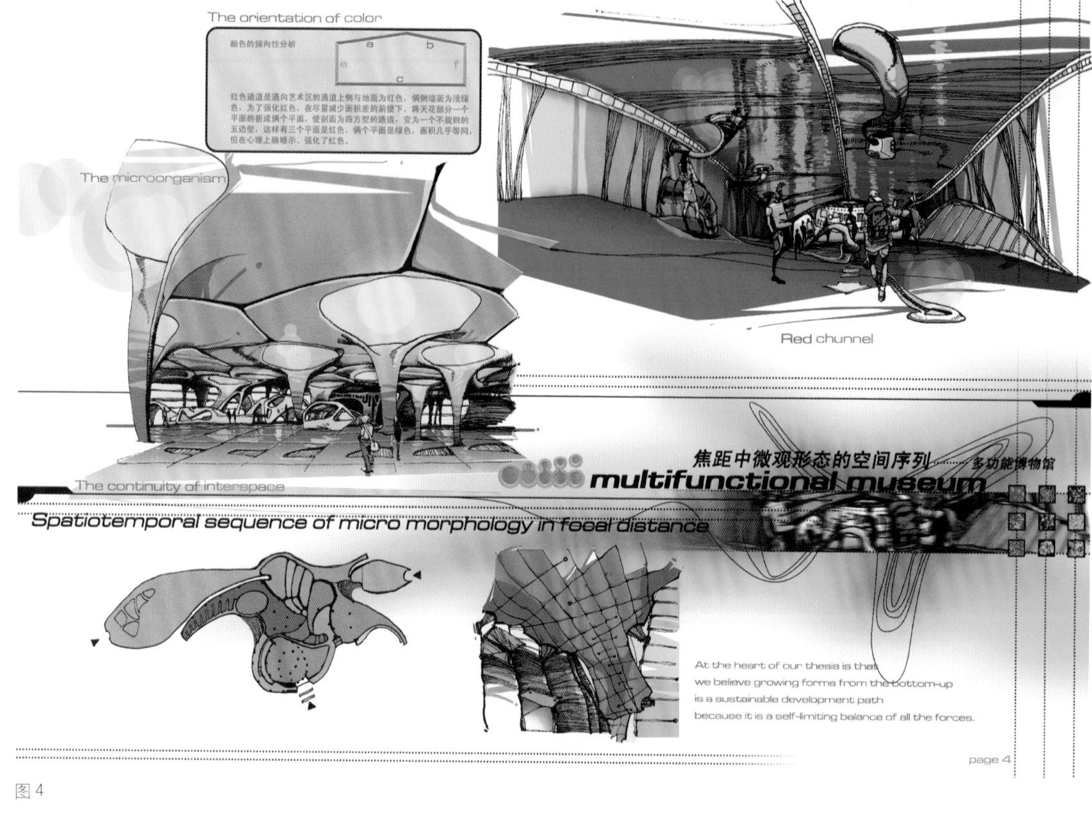
The orientation of color
颜色的倾向性分析
a
b
e
f
c
红色通道是通向艺术区的通道上侧与地面为红色，俩侧墙面为浅绿色，为了强化红色，在尽量减少面积差的前提下，将天花部分一个平面的折成俩个平面，使剖面为四方型的通道，变为一个不规则的五边型，这样有三个平面是红色，俩个平面是绿色，面积几乎等同，但在心理上确暗示、强化了红色。
The microorganism
Red chunnel
焦距中微观形态的空间序列……多功能博物馆
multifunctional museum
The continuity of interspace
Spatiotemporal sequence of micro morphology in focal distance
At the heart of our thesis is that
we believe growing forms from the bottom-up
is a sustainable development path
because it is a self-limiting balance of all the forces.
page 4

图4

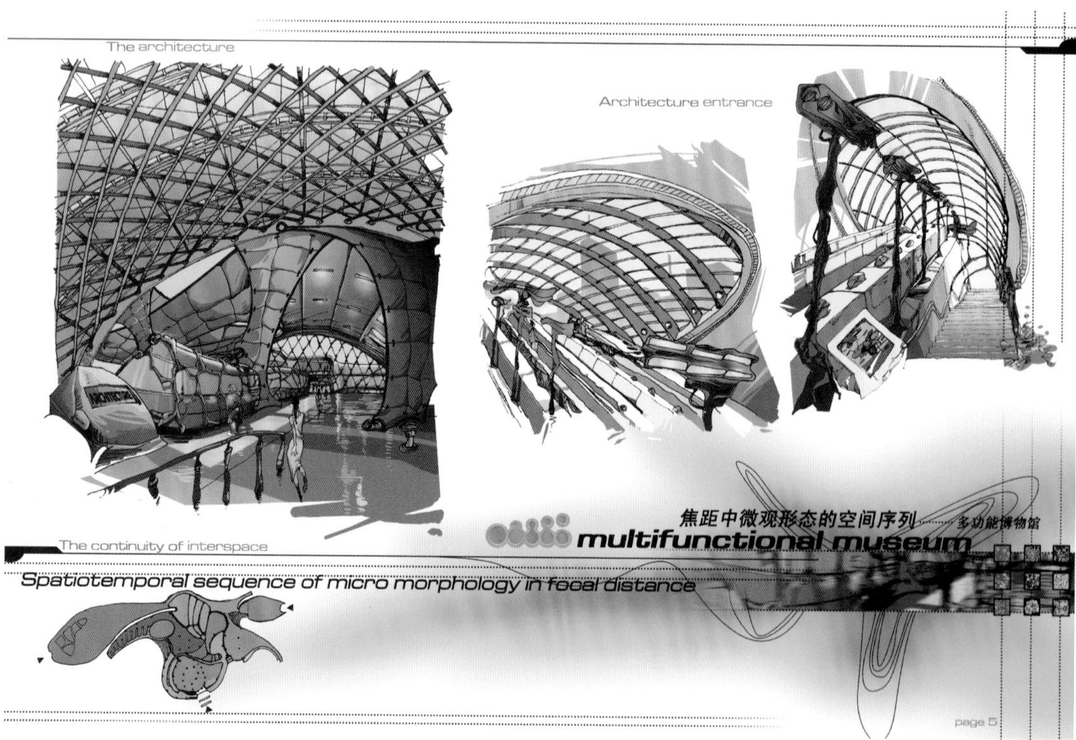
The architecture
Architecture entrance
焦距中微观形态的空间序列……多功能博物馆
multifunctional museum
The continuity of interspace
Spatiotemporal sequence of micro morphology in focal distance
page 5

图5

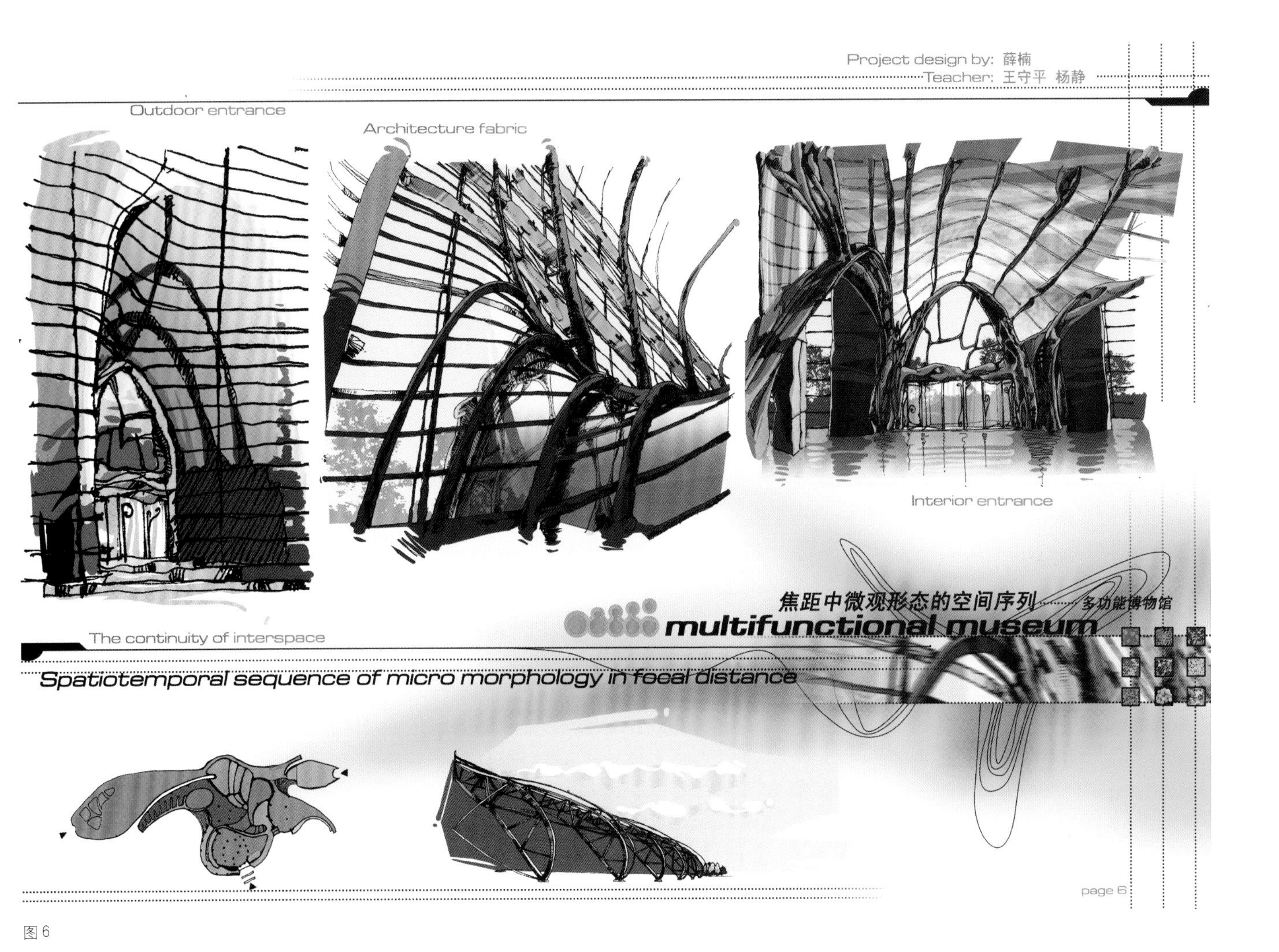

图 6

师生互动

学生：绿色设计和景观设计的原理是否相同？

老师：二者既有联系又有区别，各属不同范畴。绿色设计在进行小气候的营造时多采用景观设计的一些手法，但并不是简单的景观美化。

学生：进行屋顶植被处理时应考虑哪些条件？

老师：屋顶绿化——天然的环境调节器，在实施中应该对植物种类的选择、土壤的厚度、建筑承重及屋顶排水等综合考虑。

建筑密集的地区比空旷的地区气温显得要高，特别是夏天由于缺水会出现令人难以忍受的高温，由于建筑物对反光的反射低，夜间降温减弱，因此会对人的健康产生长期的负面影响。而绿化地带和绿化屋顶，可以通过土壤水分和生长的植物降低 80% 的自然辐射，以减少建筑物所产生的负作用，成为天然的环境调节装置。

薛楠 《多功能博物馆》

评图：

图1：该学生的多功能博物馆（MU-MUSEUM）的设计灵感最初来源于电子显微镜下的细胞、藻类、寄生虫的肌理。电子显微镜让我们进入一个自然形体、结构和肌理的全新世界；为该设计带来了许多灵感。细胞分裂过程中的空间序列是很有趣的，发生在我们身边，甚至肉体当中，遥远而又近在咫尺，这是出于一种对生物形体最基本元素的一种尊敬。

整个室内功能划分大致如下1.主馆区（a 微生物区 b 植物区 c 建筑区 d 艺术区 e 天文区）；2.藏品库区；3.暂存库房；4.珍品库房；5.装具；6.熏蒸室； 7.陈列室；8.技术用房。

功能空间划分体现了高度的有机性，采用了大量的非对称形态和正圆的局部曲线作为空间划分的主要方法。整个室内空间充满了双曲线、抛物线和穹隆结构。各种曲线在每个空间中自由延伸、放射，隐喻了诸多生物形态，将之建筑化，用倾斜、扭曲、螺旋的柱体作为支撑，蕴涵着奢靡与神秘的混合情感。各种仿生形态主要用合成材料、木材、混凝土、塑料构成，大面积的不规则加热而成的凸凹玻璃，再进行非对称曲线的切割，其形态、质感与粗糙的混凝土形成了流动与静态的强烈对比。大量的半透明空间与室外光线对建筑形体的投影，互动成三维的动态空间。

图2：多功能博物馆的平面图是借鉴血液中血红蛋白分裂过程中的一幕。生物形态给予我们无穷的想象力，多变与重叠，统一与解构，在几微米的空间中得到了完美的诠释。整个博物馆的功能划分受到自然界和生物有机体的非线性特征和创造力的启示，整个博物馆是真正富有诗意的、激进的、特化的和富有环境意识的，它表达了场所、人与材料之间的和谐。

为满足环境、人员流量和使用功能的要求，博物馆设置了一个主入口和两个分入口，在两个重大回旋转折处，利用两侧建筑墙体作为支撑，用篷布结构设定了两个灰空间，供参观人群迂回和休息，洋红色的篷布与灰色的混凝土相互衬托，缓和了室内外空间的过渡。

图3：在室内的扭曲柱体由室内直接穿透屋顶延伸到室外，并如藤类植物一样附在建筑顶部，慢慢向建筑顶部的中心点消逝，同时室内的柱体仿佛插入土壤，在其他室内空间“破土而出”变为室内的装饰物件，体现了建筑伟大的生命力与连续性、有机性的整合。

入口区（entrance）是通向微生物区的室内入口，由四根不规则的柱体支撑，其形态是在电子显微镜下兔子耳朵上的虱子的前腿得到的启发。柱体上端直接延伸到室外大门的结构上，使室外到室内有了一定的向导性。进入大门右侧有一个快捷通道，通往“红色通道”间的通道的左右墙体上有很多放大100倍的微观形态的模型。

天文展区（chronometer）用于所有宇宙天体的展览，顶层设有若干天文望远镜，供游客使用。

图4：主馆区即微生物区（microor-ganism），主要展出微观世界的形态，以及微观形态所衍生的各种设计领域的作品。二层以上是一个巨大的细胞形的游离建筑，好似一个正在分裂的细胞，底下支撑的柱体好似被分裂运动所撕裂的细胞膜。这样在平面与立面上也得到了有机的整合，整个区域用柱网支撑，除入口区两侧外几乎没有墙体，使得空间的相互融合性、连续性得到了加强。

红色通道（red chunnel）是通向艺术区的通道，上侧与地面为红色，两侧墙面为浅绿色，为了强化红色，其并没有减少绿色墙面的面积，而是将天花部分一个平面折成两个平面，使剖面呈四方形的通道，变为一个不规则的五边形通道，这样有三个平面是红色，两个平面是绿色，面积几乎等同，但在心理上却暗示、强化了红色。

粉色咖啡（pink coffee），这是一个介于室内、室外的模糊空间，用于参观人群休息的临时场所，设置了众多咖啡亭、快餐店等。在博物馆的藏品库区与天文展区之间也设有同样场所。

图5：建筑展区（architecture）及建筑展区的入口。整个展区采用多种试验性的建筑结构（木结构、纸结构、拉膜结构等）组成，也是一座临时建筑，随着建筑技术的发展，随时可更新、拆除、重建并展示试验性建筑结构。建筑展区的入口，根据原始地势的落差，采用电梯舒缓室内空间，也是博物馆重要入口之一。

图6：植物展区（plant），这是一个双层玻璃幕墙的空间，目的是调节室温，以供热带植物生长，内部种植大量濒危热带植物。

整座建筑主要是灰色的混凝土映衬浅绿色和深红色的多种材料构成，配合暖黄色的室内照明，活泼又不失严肃。扭曲、挤压变形和片断的形式也充溢着各种空间，这些自然界中的各种图案和形式，都是自然演化的内部法则和阳光、风、水这些外部因素共同作用的产物。

总评：

整体设计为微观生态造型（鸟的眼睛）。电子显微镜下的微观形态，是奇异的有机世界，以有机形态作为建筑设计的构成元素，是有机建筑的显著特征，自然是有机建筑基本的和无穷的灵感之源。任何活着的有机体，它们的外在形式与内在结构都为设计提供了无穷无尽的思想启迪。有机建筑的独特品质是在于它是一种连续的永无止境的过程，不断地处于变化之中。

建筑形态满足功能的要求在于建筑基地中预留可扩展空间的建筑生长。基地环境给建筑提供了生长环境，并设计出了功能与美化并存的湖水。形态的创意以自然的生态造型为主，挥洒自如，完美诠释了绿色设计的生长理念。

材料以钢、玻璃泡、木、塑料和拉膜结构等材料为主。满足了设计造型要求，符合了四个Re原则。自然采光的设计既满足了一般照明，又配合自然通风使空间呼吸通畅。

整个博物馆是真正富有诗意的、激进的、特化的和富有环境意识的，它表达了场所、人与材料之间的和谐。

师生互动

学生： 进行屋顶植被处理时还应考虑哪些条件？

老师： 屋顶绿化——建筑物的额外保护层，屋顶构造的破坏多数情况下是由屋面防水层温度应力引起的，通过冬夏两季温度变化引起屋面构造的膨胀和收缩，使建筑物出现裂缝，导致雨水的渗入。这样在20年后就得对建筑物进行整修。通过屋顶绿化可以调节夏冬的极端温度变化，不但不会对屋顶防水层有任何影响，反而对建筑物构件起到一个保护作用，屋顶绿化可以保护建筑物并且还可以延长其寿命。

屋顶绿化——附加的绿色平面空间，住宅附近的绿地给人们休闲活动带来了很多的方便，但是通常这样的开放空间造价十分昂贵，因为土地将占用很大一部分资金。屋顶花园则具有很大的优势，因为屋面面积实际上是免费的，再加上少许的其他投入，就可以解决这个问题。屋顶绿化将成为一个低成本的附加绿色空间。

王瑾《生态别墅设计》

图1

师生互动

学生：建筑中较厚的混凝土墙体可以在夏季吸热，冬季保温。为什么目前绿色建筑不完全是采用这种材料来建造呢？

老师：材料和技术的发展，设计风格的多样，设计师的个性不同等都会对建筑本身产生不同的诠释。

学生：什么是小气候？

老师：由下垫面条件影响而形成的与大范围气候不同的贴地层和土壤上层的气候，称为小气候。根据下垫面类别的不同，可分为农田小气候，森林小气候，湖泊小气候等等。与大范围气候相比较，小气候有五大特点：

(1) 范围小方向大概在100米以内，主要在2m以下，水平方向可以从几毫米到几十公里。因此，常规气象站网的观测不能反映小气候差异。对小气候研究必须专门设置测点密度大、观测次数多、仪器精度高的小气候考察。

(2) 差别大，无论是前直方向或水平方向气象要素的差异都很大，例如：在靠近地面的贴地层内，温度在前直方向递减率往往比上层大2~3个量级。

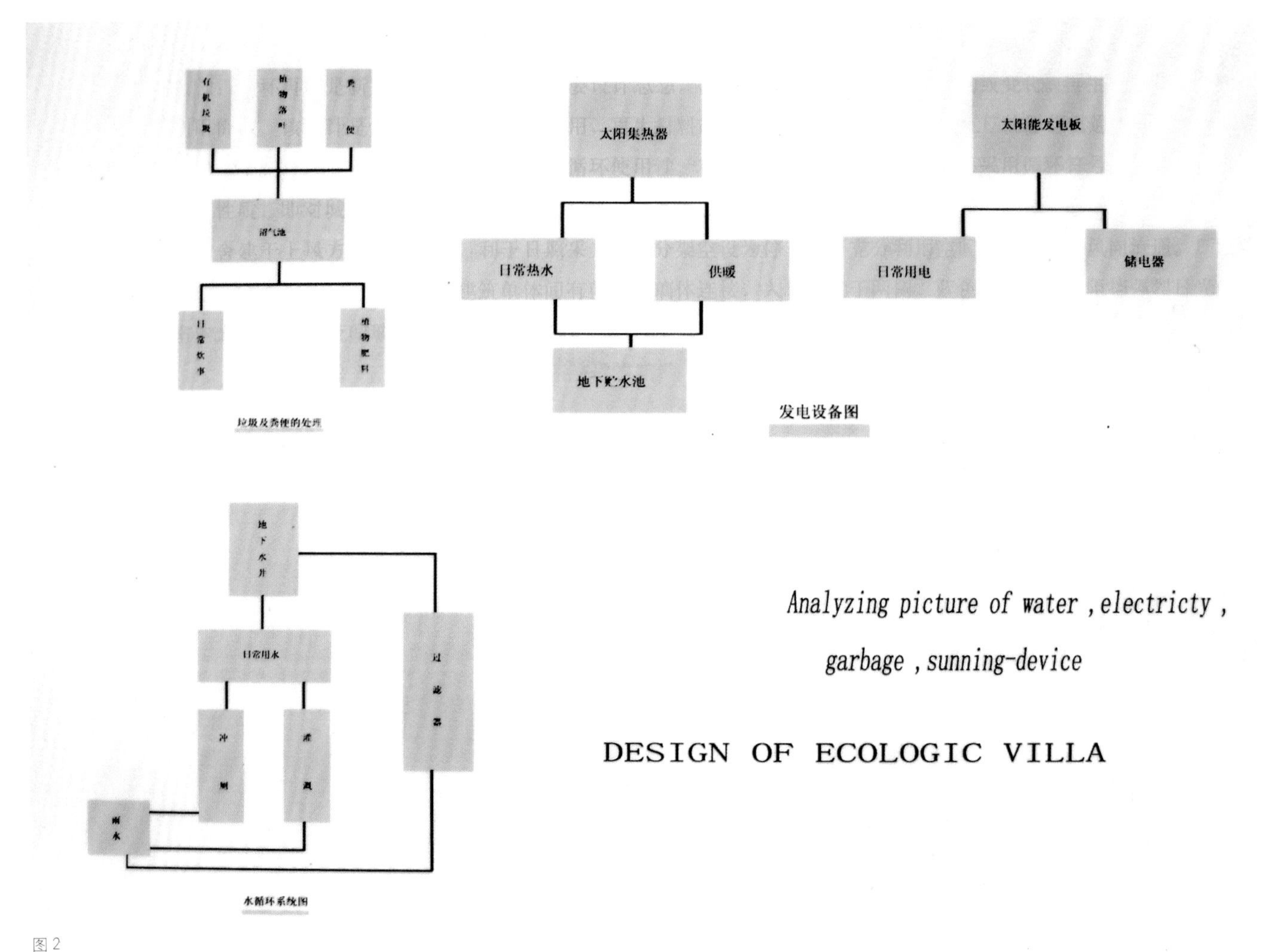

图 2

师生互动

(3) 变化快。在小气候范围内，温度、湿度或风速随时间的变化都比大气候快，具有脉动性。例如：M. N. 戈尔兹曼曾在 5cm 高度上，25 分钟内测得温度最大变幅为 7.1°C。

(4) 日变化剧烈，越接近下垫面，温度、湿度、风速的日变化越大。例如：夏日地表温度日变化可达 40°C，而 2m 高处只有 10°C。

(5) 小气候规律较稳定。只要形成小气候的下垫面的物理性质不变，它的小气候差异也就不变。因此，可从短期考察了解某种小气候特点。

由于小气候影响的范围正是人类生产和生活的空间，研究小气候具有很大实用意义。我们还可以利用小气候知识为人类服务。例如：城市中合理植树种花，绿化庭院，改善城市下垫面状况，可以使城市居民住宅区或工厂区的小气候条件得到改善，减少空气污染。

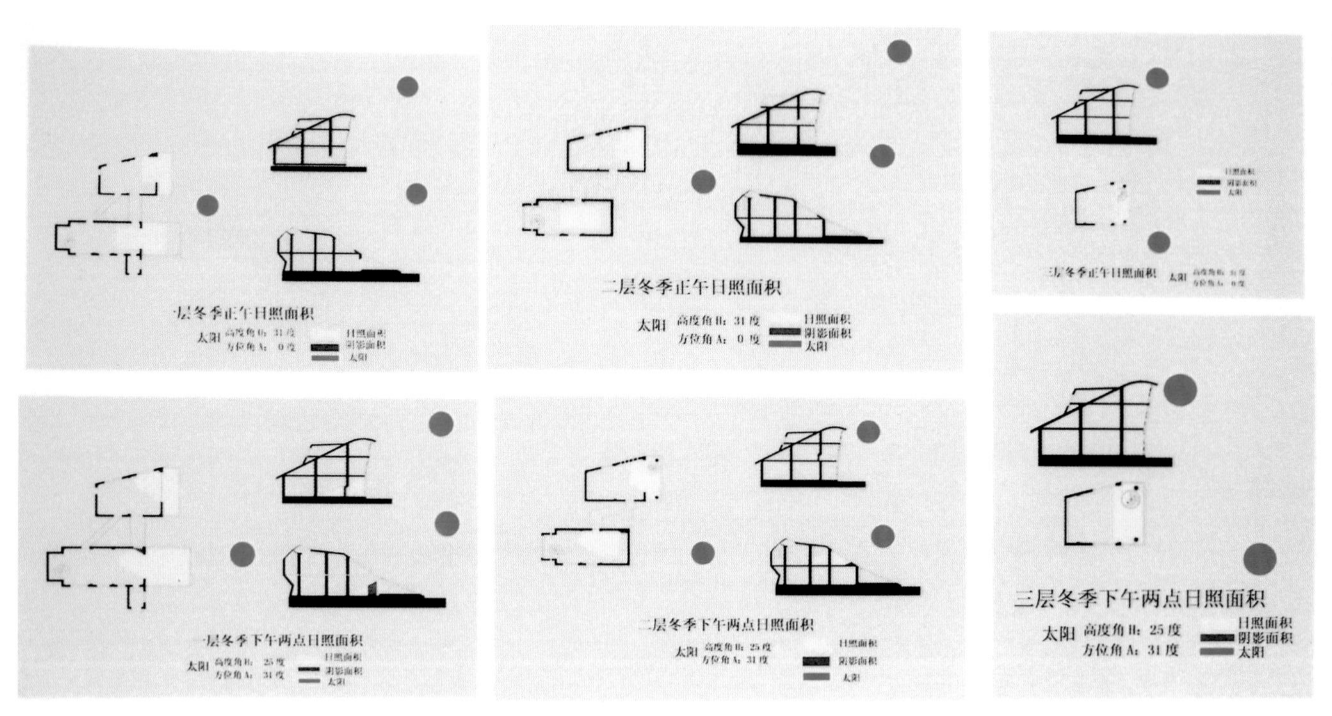
一层冬季正午日照面积
太阳 高度角H：31度
方位角A：0度
日照面积
阴影面积
太阳
二层冬季正午日照面积
太阳 高度角H：31度
方位角A：0度
日照面积
阴影面积
太阳
三层冬季正午日照面积
一层冬季下午两点日照面积
太阳 高度角H：25度
方位角A：31度
日照面积
阴影面积
太阳
二层冬季下午两点日照面积
太阳 高度角H：25度
方位角A：31度
日照面积
阴影面积
太阳
三层冬季下午两点日照面积
太阳 高度角H：25度
方位角A：31度
日照面积
阴影面积
太阳

图3

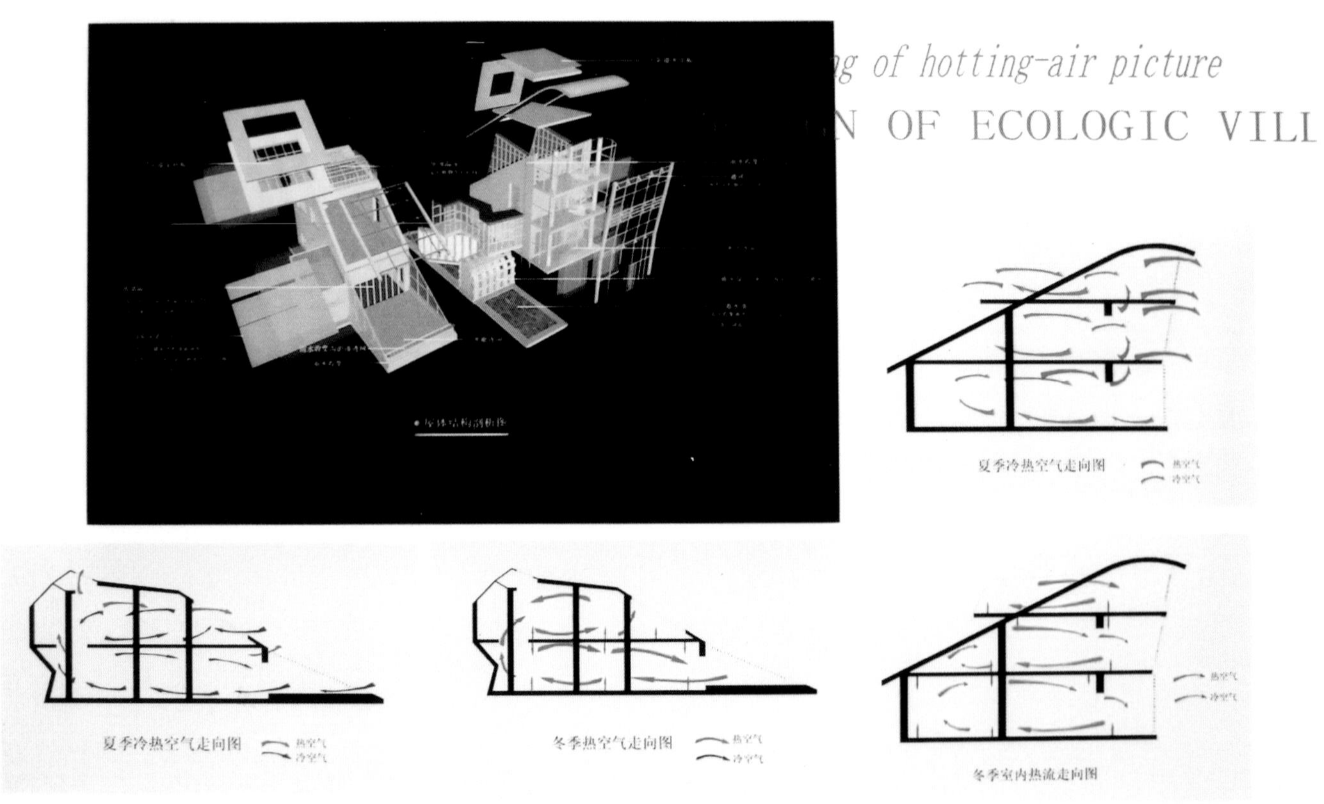
g of hotting-air picture
N OF ECOLOGIC VILI
夏季冷热空气走向图
热空气
冷空气
夏季冷热空气走向图
热空气
冷空气
冬季热空气走向图
热空气
冷空气
热空气
冷空气
冬季室内热流走向图

图4

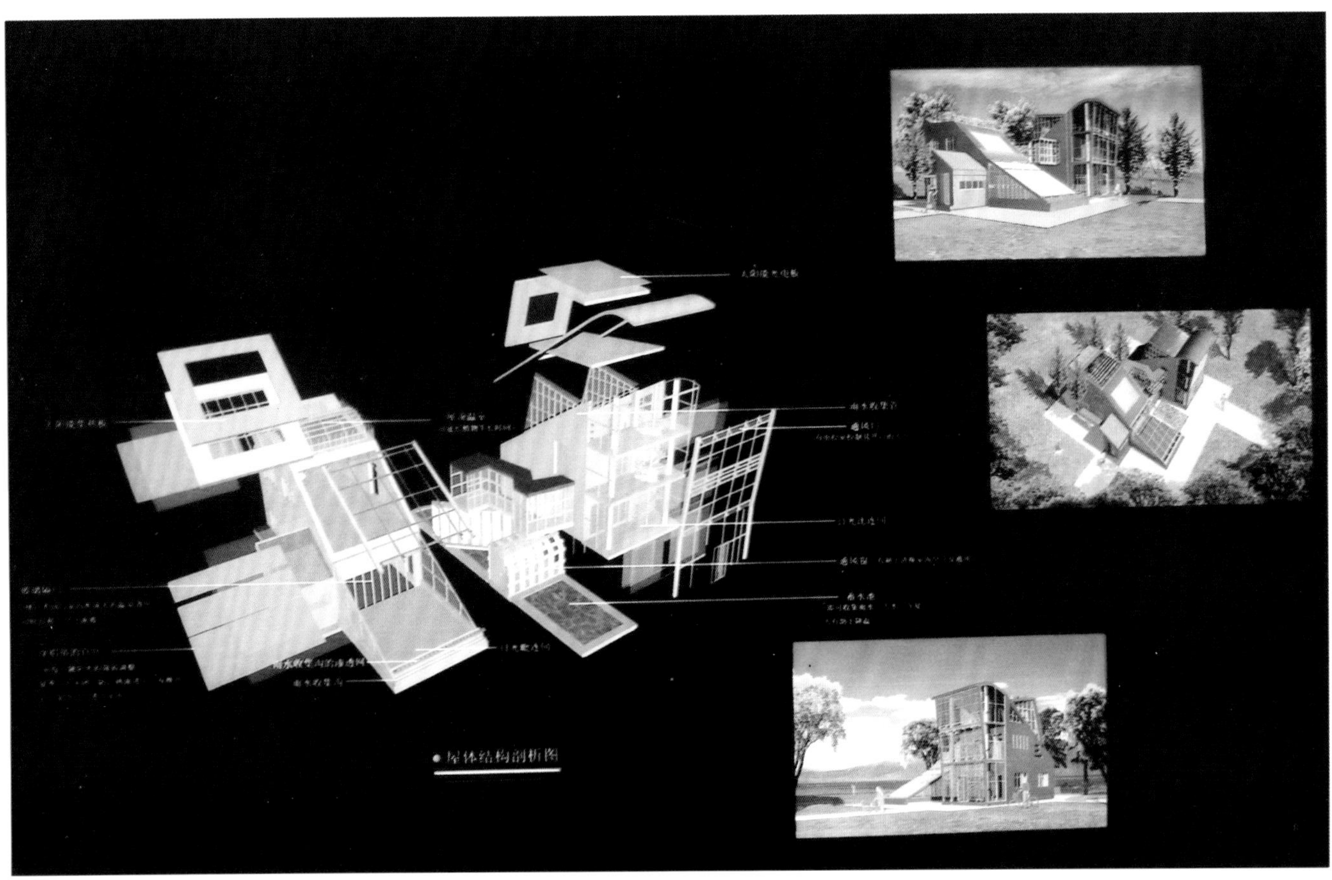

图5

师生互动

学生：绿色设计是一种风格吗？
老师：绿色设计是一种方法。
学生：绿色设计的方法很多，如何在具体的设计中使用呢？
老师：要分析基地的气候及地理条件等，寻找最适宜的方法才能事半功倍。

绿色设计着眼于人与自然的生态平衡关系，在设计过程的每一个决策中都充分考虑到环境效益，尽量减少对环境的破坏。绿色设计的核心是"3R"，即Reduce、Recycle和Reuse，不仅要尽量减少物质和能源的消耗、减少有害物质的排放，而且还要使产品及零部件能够方便地分类回收并再生循环或重新利用。绿色设计不仅是一种技术层面的考量，更重要的是一种观念上的变革，要求设计师放弃那种过分强调在外观上标新立异的做法，而将重点放在真正意义上的创新上面，以一种更为负责的方法去创造。

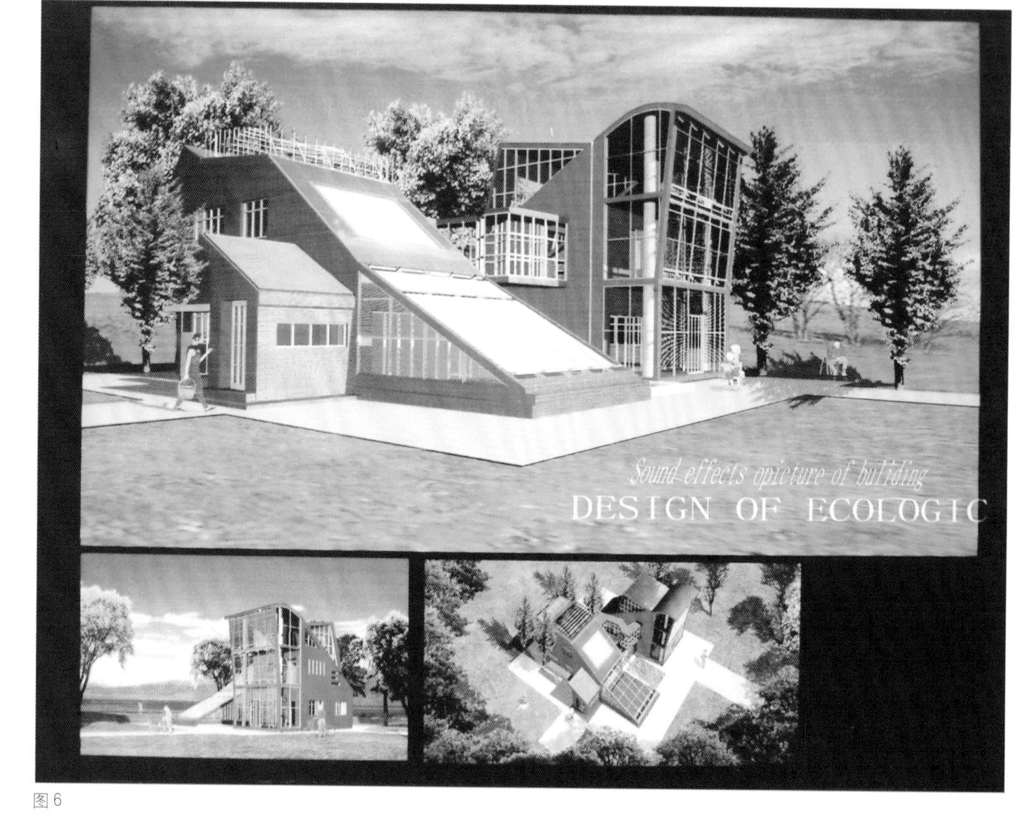
Sound effects opicture of buliding
DESIGN OF ECOLOGIC

图6

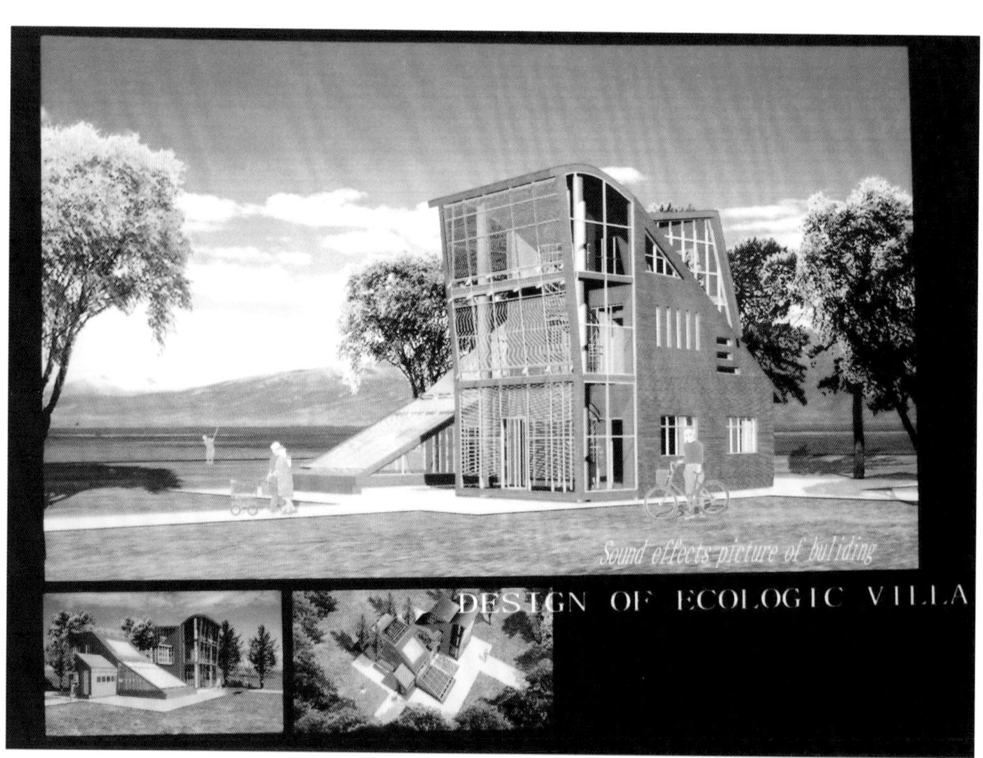
Sound effects picture of buliding
DESIGN OF ECOLOGIC VILLA

图7

Sound effects picture of sleeping room
OF ECOLOGIC VILLA

图 8

Sound effects picture of toilet
DESIGN OF ECOLOGIC VILLA

图 9

DESIGN OF ECOLOGIC VILLA

图10

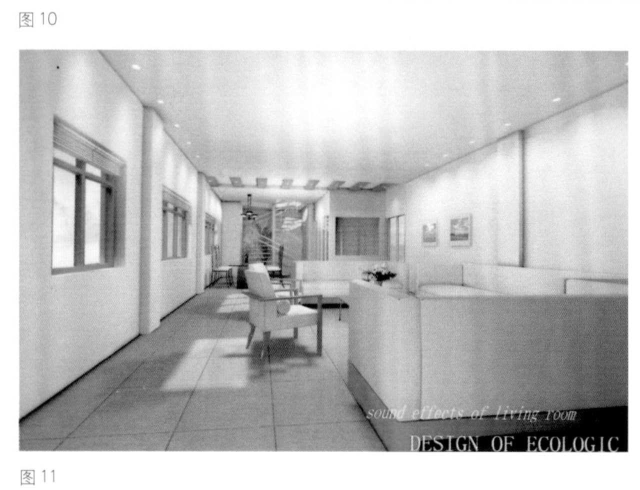
sound effects of living room
DESIGN OF ECOLOGIC

图11

picture of studio

图12

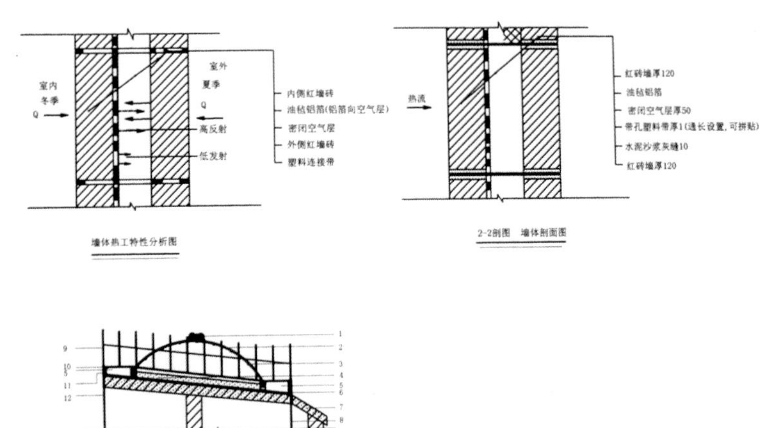

1—可动绝热帘　2—玻璃钢　3—支架(轻钢结构)　4—蛭石等轻质种植层　5—储水槽
6—溢水管口　7—承重层　8—溢水管　9—防护栏杆　10—3cm厚预制钢筋细石混凝土走道板
11—入水管口　12—入水管

图13

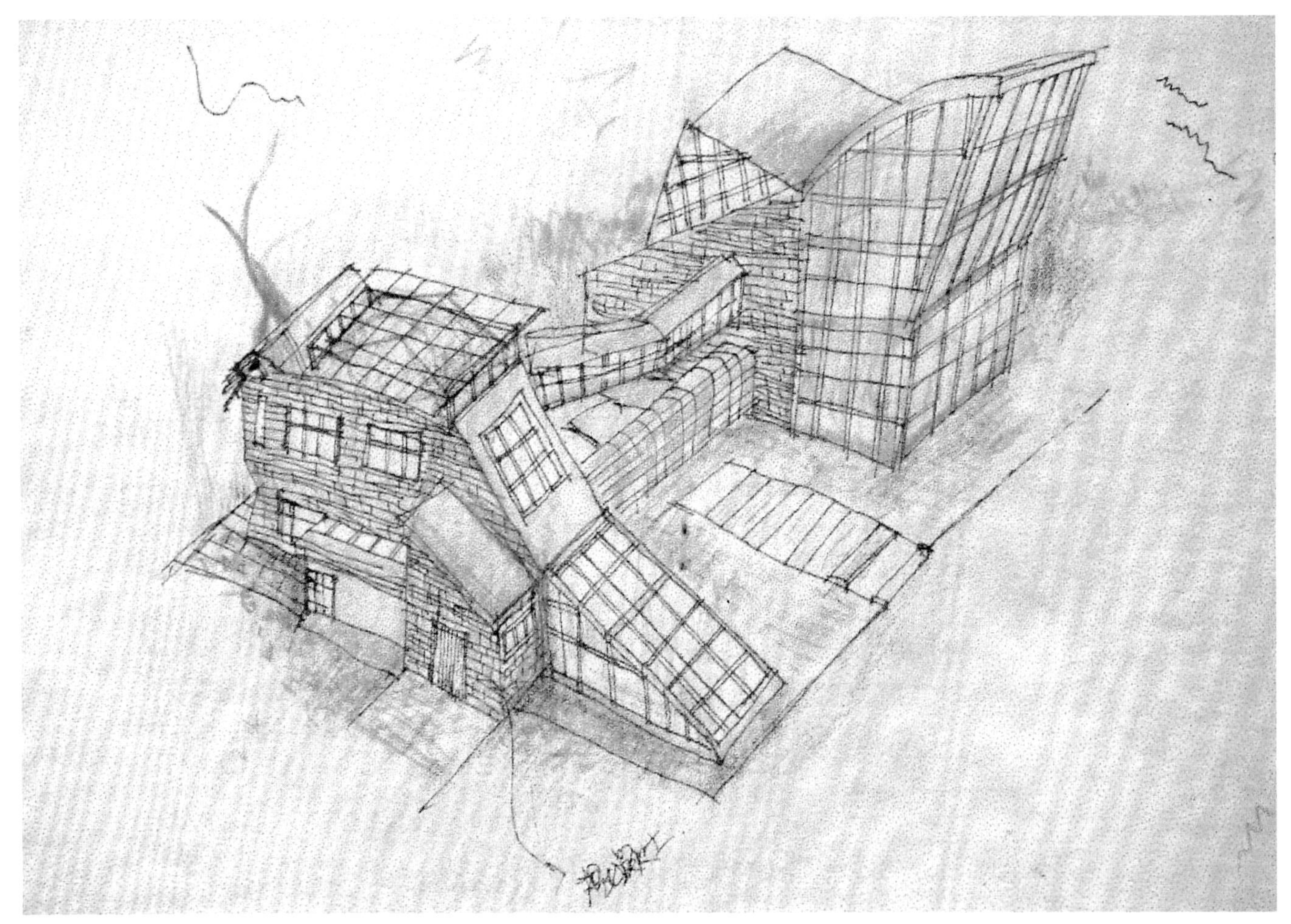

图14

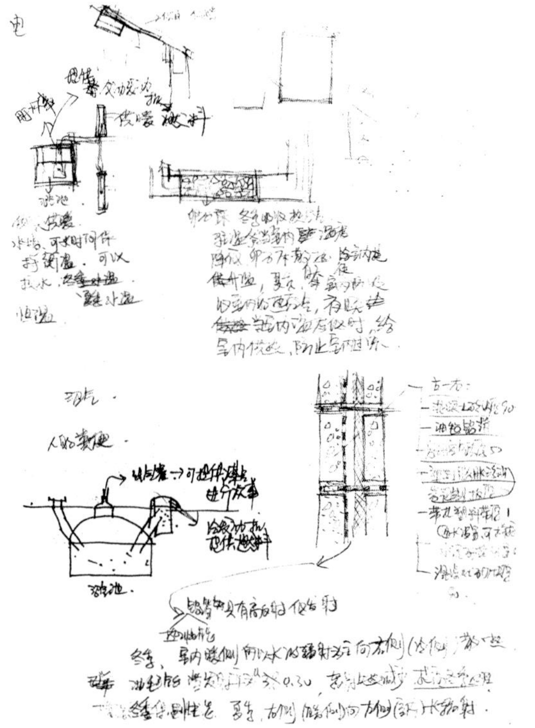

沼气池
铝箔具有高反射 低发射
冬季、室内暖侧向以水的辐射为主向左侧
冬季保温性能

图 15

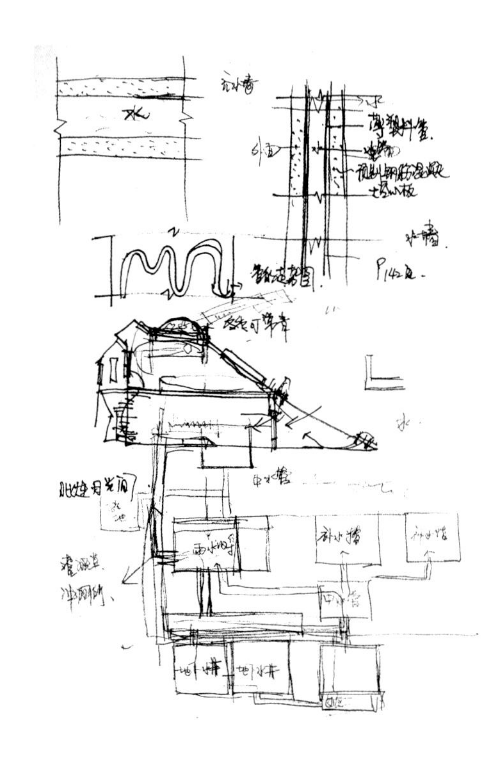

P142页

图 16

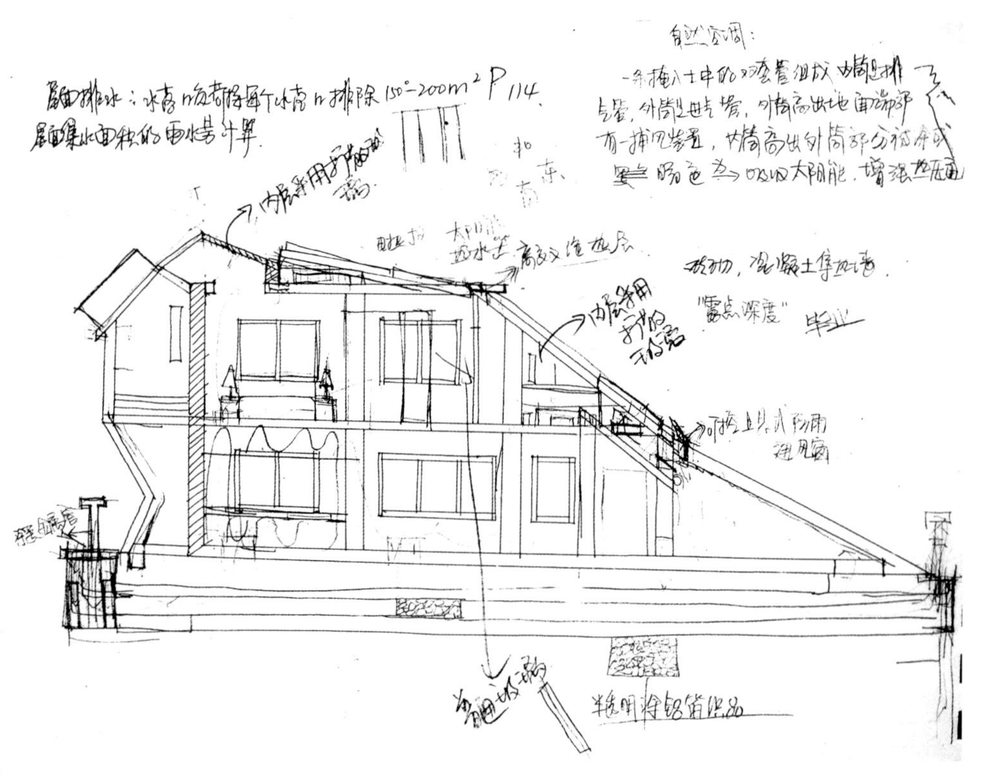

屋面排水：水落管的布置每个水落管排除150-200m² P114.
屋面集水面积的雨水量计算
自然空调：
一条埋入土中的双套管组成，内筒是排气管，外筒是进气管，外筒高出地面端部有一捕风装置，内筒高出外筒部分涂成黑色，吸收太阳能，增强热压
内层采用扩散板
太阳能
集水器
混凝土
"雷点深度"
可开启式防雨通风窗
半透明铝箔隔热

图 17

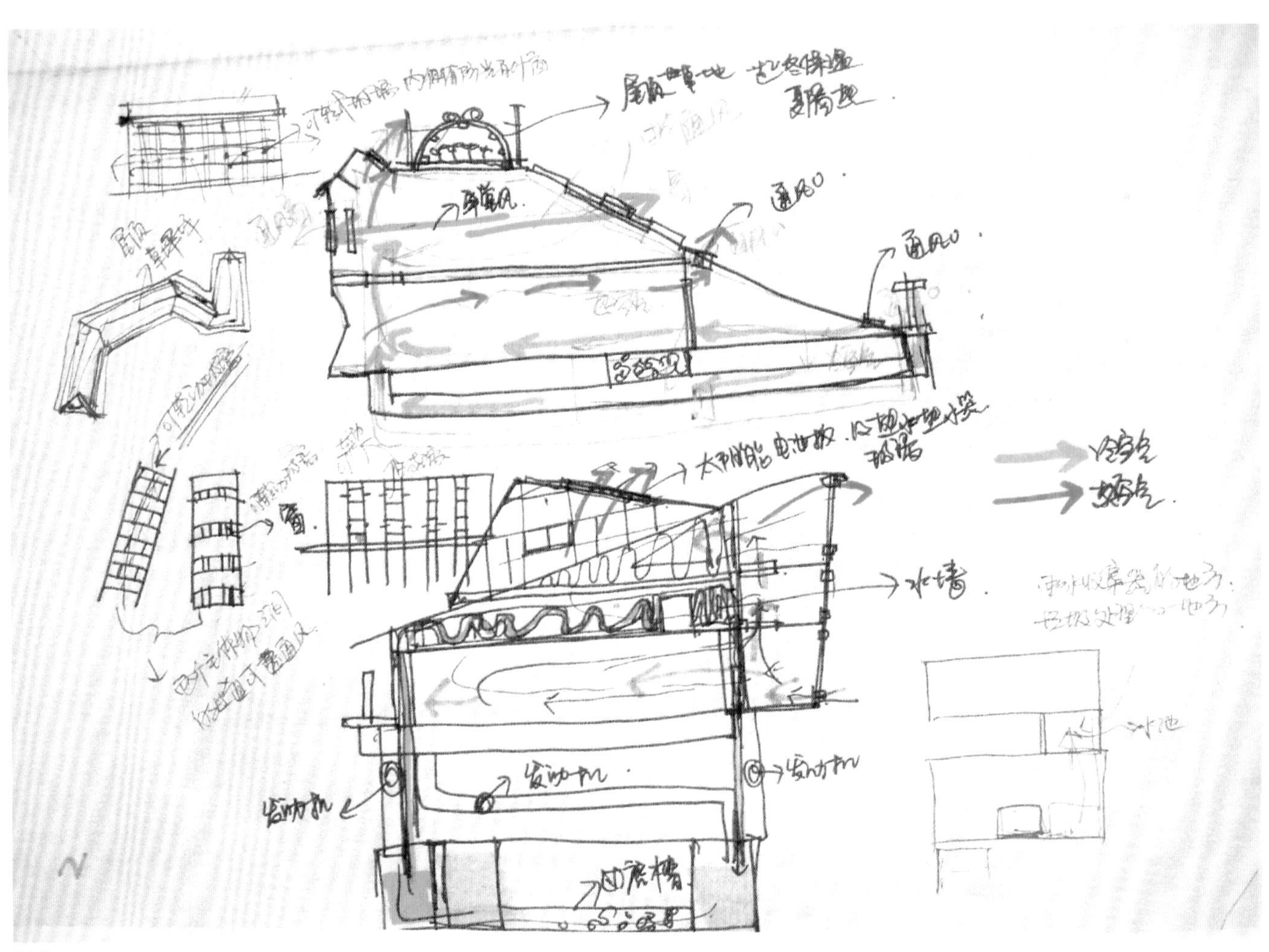

图18

师生互动

学生： 请介绍一下国内设计尤其是室内设计目前的发展现状及前景？

老师： 绿色设计在现代化的今天，不仅仅是一句时髦的口号，而是切切实实关系到每一个人的切身利益的事。这对子孙后代，对整个人类社会的贡献和影响都将是不可估量的。

中国的现代室内设计真正起步应是在改革开放后的二十多年，一开始受传统观念的影响较大，表现为重视表面效果，侧重装饰。大多数设计师借助资料对中外传统及现代流派进行模仿，没有把自己的想法融合进去，造成了许多设计的雷同和一般化问题。经过二十多年时间，随着建筑、建材等相关行业的同步发展，众多设计师通过设计实践、研究，并吸取国外新的设计理念，已经取得了很大的发展和进步。现已涌现出了一批有实力的设计企业和高水平的设计师，他们不仅重视美学研究，而且还重视设计中的科技含量。既注重空间及综合功能设计，还追求人居环境的高品质。从目前情况来看，由于我们的设计队伍庞大，发展不平衡，国内的设计整体水平和国外相比还是存在很大的差距。面对人类生存环境存在的种种危机，应改变人们追求奢华的观念，逐步走向绿色设计，创造出具有中国文化特色的现代建筑、环境艺术设计文化，成为摆在中国建筑、环境艺术设计师面前的一项重要任务，因为这是中国建筑、环境艺术设计的唯一出路，也是世界建筑、环境艺术内设计的唯一出路。

王瑾 《生态别墅设计》

评图：

图1：运用绿色设计理念，力求创造一种全新的自然质朴的生活方式。

图2：三种绿色设计方法的分析图，沼气能的利用及垃圾的处理，水资源的循环利用，太阳能利用和建筑节能。

沼气能的利用及垃圾的处理：别墅地下设计了一个沼气池，沼气的原料由日常生活垃圾及人的粪便和植物的落叶提供。

水资源的循环利用：别墅两主体物之间设计了蓄水池，屋檐下安装了雨落管及过水沟。收集的雨水冲厕、灌溉及放入过滤池渗入到地下水井。

图3：日照分析图。南面的日光间使冬季保温、夏季的隔热性能得以增强，由于日光间具有温室效应，使整个别墅处于一个保温状态。

图4：通风示意分析图。分析了夏季和冬季空气走向的各自的特点。

图5：屋体结构剖析图。该别墅设计中尽量提高热工性能，减少热损耗、实现节能。普通别墅外墙的热阻系数0.885，而生态墙则增加到1.295，体积和重量则无变化。

图6、7：建筑外观效果。屋面植被化和自然的绿化。屋面绿化，夏天可以吸热防晒，冬天屋顶上的植被层又起到了保温的作用。屋顶种植层由小卵石、矿渣、陶粒等组成。为了延长植物生长的时间，屋顶建了一个温室。

图8～12：别墅内部设计。通过对屋内地面的地热技术处理，以保持室内温度的恒定。

窗户的传热系数为普通别墅的20%。该别墅的马桶下有一根较粗的管子，直通沼气池的原料管，经沼气微生物的分解，转化为沼气及发酵液，以提供日常的炊事燃料和室内植物的肥料。有机垃圾和无机垃圾分开放置。

图13：普通别墅外墙的热阻系数是0.885，生态墙则可增加到1.295，体积和重量则无变化。

图14～18：设计中的草图分析。草图的勾画对设计的过程和结果都极其重要。

总评：

太阳能利用和建筑节能：该别墅居住者所使用的能量的三分之二是由太阳能光电板装置产生的电力供给的。太阳能集热板与南面斜屋顶的设计融为一体，功能和形式结合巧妙。太阳能集热板用来加热循环水，水加热后被贮存在地下保温水池里。

该同学的生态别墅设计是对生态可持续住宅的进一步探讨，主要对太阳能利用，沼气能利用，节能节水，绿化及绿色材料进行了总的实验和研究。尽量达到“零能”建筑的标准。

该别墅总面积大约280多平方米，处于北纬34～36度之间，是太阳能较弱地区，该同学期望运用绿色设计的理念，将该建筑作为绿色设计综合运用的典范，创造一种全新的自然质朴的生活方式。

刘晓点《新型垃圾处理中心》

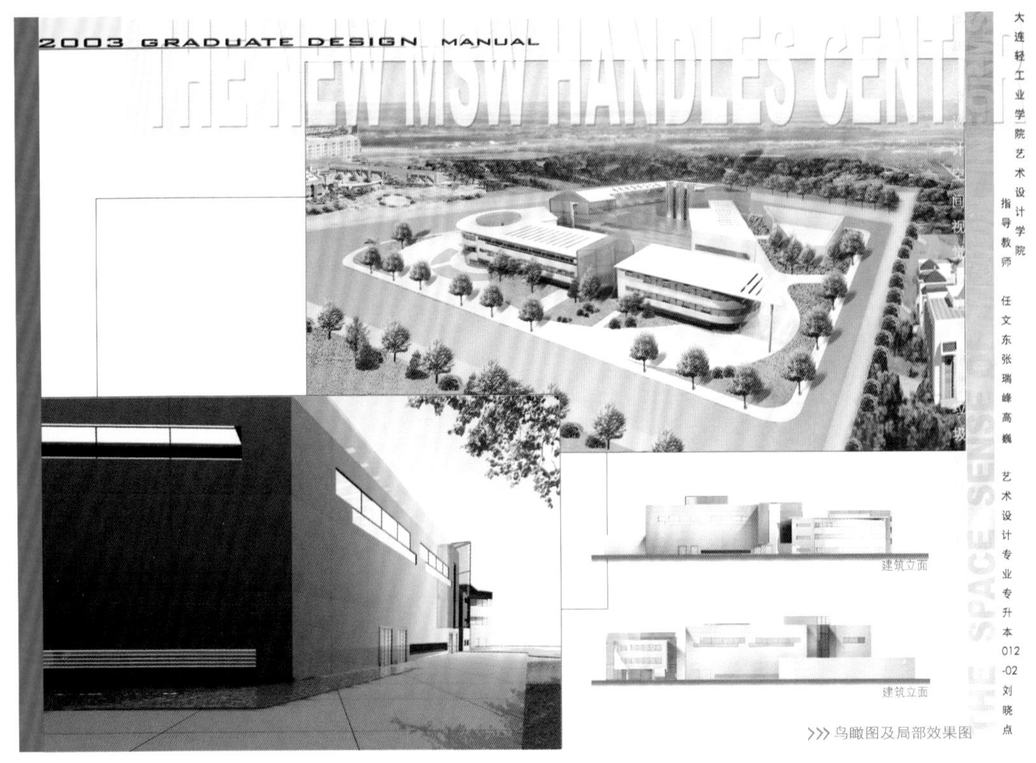

图1

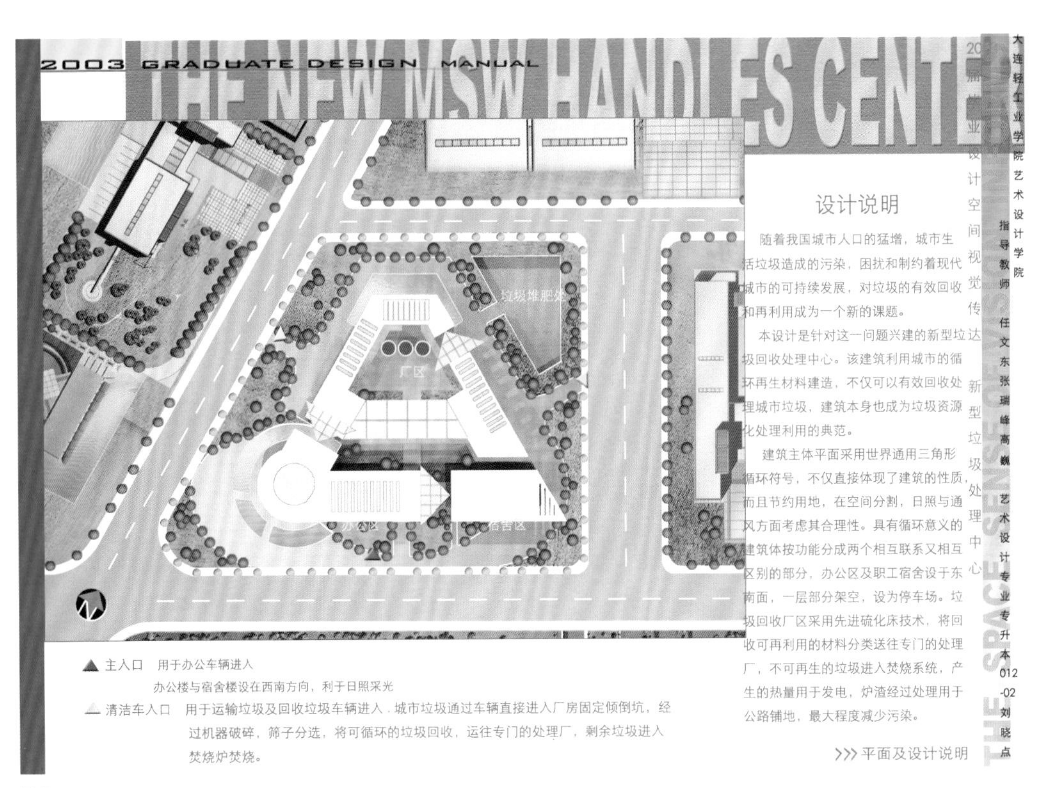

图2

二楼开畅式办公空间体现流通与整体感，简洁明快，减少过多装饰，采用可回收材料装饰。

图3

接待区利用再生玻璃，金属作为隔断，墙面挂垃圾回收利用说明图

图4

2003 GRADUATE DESIGN MANUAL
2003届毕业设计空间视觉传达 新型垃圾处理中心
大连轻工业学院艺术设计学院
指导教师 任文东张瑞峰高巍
艺术设计专业专升本012-02刘晓点
再生地毯
再生瓷砖
>>> 三楼经理室办公空间效果

图5

2003 GRADUATE DESIGN MANUAL
大连轻工业学院艺术设计学院
指导教师 任文东张瑞峰高巍
艺术设计专业专升本012-02刘晓点
办公空间以蓝色与白色为主色调，采用可循环再生的垃圾材料在于推广它的广泛使用性。垃圾的资源化处理是城市可持续发展的重要保证。
>>> 三楼经理室办公空间效果

图6

2003 GRADUATE DESIGN MANUAL
2003届毕业设计空间视觉传达
新型垃圾处理中心
大连轻工业学院艺术设计学院
指导教师 任文东张瑞峰高巍
艺术设计专业专升本012-02刘晓点
THE SPACE SENSE
废旧金属再生
玻璃碎片与混凝土淤渣再生地面
设计说明
办公楼一层没有架空部分设为圆形展厅，展示可循环使用的垃圾，及废旧材料做的艺术品。地面由玻璃碎片与混凝土淤渣再生的材料铺设。为体现循环意义，由废旧金属再生的材料螺旋式铺设。顶棚采自然光．中厅由废弃钢管，建筑垃圾拼集的雕塑。中间悬挂水晶球体，展示了一个被垃圾包围的地球。展厅对外开放，电脑屏幕用于说明有关循环再利用的内容，提高人们的环保意识。
>>>一楼展厅效果

图7

2003 GRADUATE DESIGN MANUAL
2003届毕业设计空间视觉传达
新型垃圾处理中心
大连轻工业学院艺术设计学院
指导教师 任文东张瑞峰高巍
艺术设计专业专升本012-02刘晓点
再生刨花板展台
再生墙纸
>>>一楼展厅效果

图8

2003 GRADUATE DESIGN MANUAL
THE NEW MSW HANDLES CENTER
THE SPACE SENSE OF VISION INFORMS
2003届毕业设计空间视觉传达 新型垃圾处理中心
大连轻工业学院艺术设计学院
指导教师 任文东张瑞峰高巍
艺术设计专业专升本012-02 刘晓点
垃圾填充隔音墙 用于建筑墙体
废玻璃再生材料
>>> 一楼展厅效果

图 9

2003 GRADUATE DESIGN MANUAL
THE NEW MSW HANDLES CENTER
THE SPACE SENSE OF VISION INFORMS
设计空间视觉传达 新型垃圾处理中心
大连轻工业学院艺术设计学院
指导教师 任文东张瑞峰高巍
艺术设计专业专升本012-02 刘晓点
建筑立面
办公楼与宿舍楼由蓝色玻璃体连接，玻璃体一层设为通道，可供员工通行，两边为花房，将绿色引入室内。一层部分架空，既可作为停车场，又不阻碍通风，将办公楼与宿舍楼设于上风方，避免烟尘反向污染。楼梯设于玻璃体两侧，三个玻璃体指引入口方向。
>>> 整体效果图

图 10

大连轻工业学院艺术设计学院 指导教师 任文东张瑞峰高巍 艺术设计专业专升本012-02 刘晓点

玻璃水泥：无法回收的玻璃废物与焚烧后的玻璃焦渣，经过粉碎，通过化学途径活化，变成胶合剂，与砂石混合之后可以对室外的地面起到稳定作用，承载力强，出现伤痕可自动修复。

夜间效果图

图11

师生互动

学生：作为设计师的我们，应该怎么做呢？

老师：记得有位设计专家曾经这么评价设计师，一个优秀的室内装饰设计师，除了要具有业务素质和创意灵感外，最重要的是敬业精神和责任感。从设计的角度，现在人崇尚自然环保，设计师在设计居室时除了功能和美观，也要从绿色环保着手，一是设计中选择绿色建材，二是设计时考虑节能等环保要求。设计师不但在设计方面要有责任感，更要从社会责任的角度理解一个绿色、安全、节能、环保的居室设计对家庭和整个社会的影响。

刘晓点 《新型垃圾处理中心》

评图：

图1、2：循环再生是新型垃圾处理中心的主要设计思想。循环是指事物周而复始的运动或变化。再生则是将旧事物赋予新的利用价值。该设计是通过对循环符号的使用，再生材料的利用，空间分割和花园式工厂的思想贯通。

首尾相接的三角形循环标志着产品材料的可循环使用性。在该设计中，主要建筑体平面采用循环符号，从外观上直接体现了工厂性质，即对城市垃圾的循环再生利用。三角形建筑可有效节约用地，分成两个相互联系又有区别的部分。办公区与职工宿舍建于上风方，朝向东南，利于日照采光。部分架空设为停车场，充分利用空间，又不阻碍风向流通。厂区设于下风方，避免烟尘的反向污染。各建筑单体间有蓝色玻璃体连接，入口处设于两侧。蓝色玻璃体建筑阻挡强烈日光的直射，使室内光线柔和。夜间玻璃窗自动打开，进行自然风的循环。

图3、4：二层为办公区。平面布置体现循环流通的感觉。以蓝色和白色为主色调，减少过多的分割与装饰，使办公空间通畅简洁明快。从一层展厅的螺旋楼梯进入二楼一个圆形流通区，阳光通过三层的透明玻璃顶柔和的射入。圆形办公区分割成独立的办公室，经理室设在中央阳光充足的地方。走廊直对另一入口处，疏散路线明确。二层玻璃体是一个开放式的可供小型会议和休息的空间。会议桌采用三角形，与玻璃体的造型一致。接待区利用废玻璃与金属作为隔断。

图5、6：三层为化学实验室，用于对垃圾材料的化验分析，提高垃圾资源的再生和综合利用水平。实验室与化验室分成两个独立封闭的空间，走廊位于建筑两侧。顶棚采用部分透明玻璃，采自然光。夜间也可开启通风。地面采用废轮胎再生地板。

图7～9：办公楼一层展厅对外开放，除展示废旧物品拼集的艺术品外，本身是由垃圾回收材料装饰。地面由玻璃瓶碎片及钢筋混凝土淤渣再生的材料铺设。这种材料95%为玻璃瓶碎片及钢筋混凝土淤渣，再加入一定的硫化铁，硫酸钠和石墨以控制结晶的生成。该材料的弯曲强度是大理石的1.65倍，耐酸性则是大理石的8倍。

入口处地面由玻璃碎片铺设以展示新型材料的原料。为体现循环意义，由废旧金属再生材料螺旋式铺设。顶棚透明玻璃采自然光，展厅中央是废旧钢管与建筑垃圾拼集的雕塑。中央悬挂水晶球体，展示了一个被垃圾包围的地球。圆形展台为废玻璃再生材料，方形展架由再生刨花板所制，展示的都是废弃物改制的艺术品。入口处展示的建筑墙体由城市垃圾经过发酵与石灰等物混合烧制的墙体，具有隔音保温的功能。两边可活动的墙体用于悬挂回收利用的说明图，行人通过玻璃窗可以看到展示的图片。展厅设有多媒体屏幕，演示垃圾循环再利用的内容。展厅内的休息椅是对旧轮胎的再生利用。

图10、11：外观及建筑夜景。厂房用于垃圾的回收处理焚烧。垃圾通过专用的垃圾运输车辆把从周围地区收集的生活垃圾和难处理的废弃物倒入垃圾储藏仓。它们通过漏斗进入生活垃圾分类系统。在此之前一直混在生活垃圾和难处理垃圾中的有价值的和有害的物质将被分拣出来。厂房通过建筑一层的排风口和条形窗通风，在不影响生产活动的厂区空地上植树铺设草坪，以调节空气减少污染，使工厂和地区环境相协调。

总评：

垃圾资源化处理是指把垃圾作为一种可循环和再生的资源加以回收和利用，对生活垃圾分类收集、分类处理，最大限度提高垃圾的再生和综合利用水平，同时把垃圾对环境的污染降到最低限度，使生活垃圾进入良性生态循环。

我国城市垃圾以每年6%～8%的年均速度增长，没有实行无害化处理的自然堆放和填埋的城市生活垃圾已成为我国环境污染的主要污染源。垃圾的污染日益困扰和制约着现代城市的可持续发展，对垃圾的有效回收再利用成为一个新的课题。一些资源家提出，生活垃圾是目前世界上唯一不断增长的潜在资源，蕴藏着丰富的再利用价值。该同学利用城市垃圾的循环再生材料建造的新型垃圾处理中心，以循环再生为主要设计思想，不仅可以有效回收处理城市垃圾，建筑本身也成为垃圾资源化处理利用的典范。

郭家锴

《空间实验室》

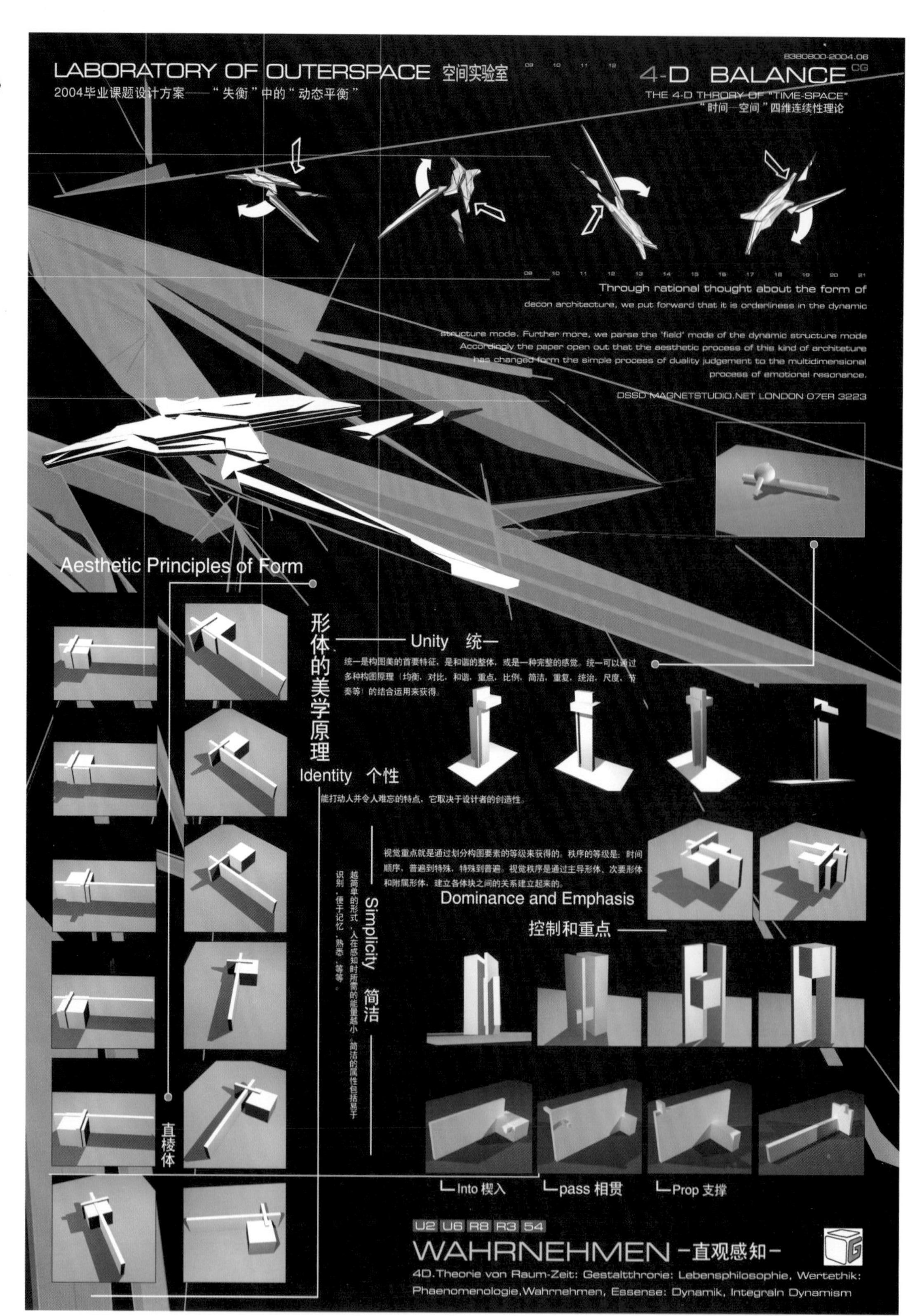
8380800-2004.06
LABORATORY OF OUTERSPACE 空间实验室
2004毕业课题设计方案——“失衡”中的“动态平衡”
4-D BALANCE CG
THE 4-D THRORY OF "TIME-SPACE"
“时间—空间”四维连续性理论
Through rational thought about the form of decon architecture, we put forward that it is orderliness in the dynamic structure mode. Further more, we parse the 'field' mode of the dynamic structure mode Accordingly the paper open out that the aesthetic process of this kind of architeture has changed form the simple process of duality judgement to the multidimensional process of emotional resonance.
DSSD MAGNETSTUDIO.NET LONDON 07ER 3223
Aesthetic Principles of Form
形体的美学原理
Unity 统一
统一是构图美的首要特征，是和谐的整体，或是一种完整的感觉。统一可以通过多种构图原理（均衡，对比，和谐，重点，比例，简洁，重复，统治，尺度，节奏等）的结合运用来获得。
Identity 个性
能打动人并令人难忘的特点，它取决于设计者的创造性。
Simplicity 简洁
越简单的形式，人在感知时所需的能量越小，简洁的属性包括易于识别，便于记忆，熟悉，等等。
视觉重点就是通过划分构图要素的等级来获得的。秩序的等级是：时间顺序，普遍到特殊，特殊到普遍。视觉秩序是通过主导形体、次要形体和附属形体，建立各体块之间的关系建立起来的。
Dominance and Emphasis
控制和重点
直棱体
Into 楔入
pass 相贯
Prop 支撑
U2 U6 R8 R3 54
WAHRNEHMEN -直观感知-
4D.Theorie von Raum-Zeit: Gestaltthrorie: Lebensphilosophie, Wertethik: Phaenomenologie,Wahrnehmen, Essense: Dynamik, Integraln Dynamism

图1

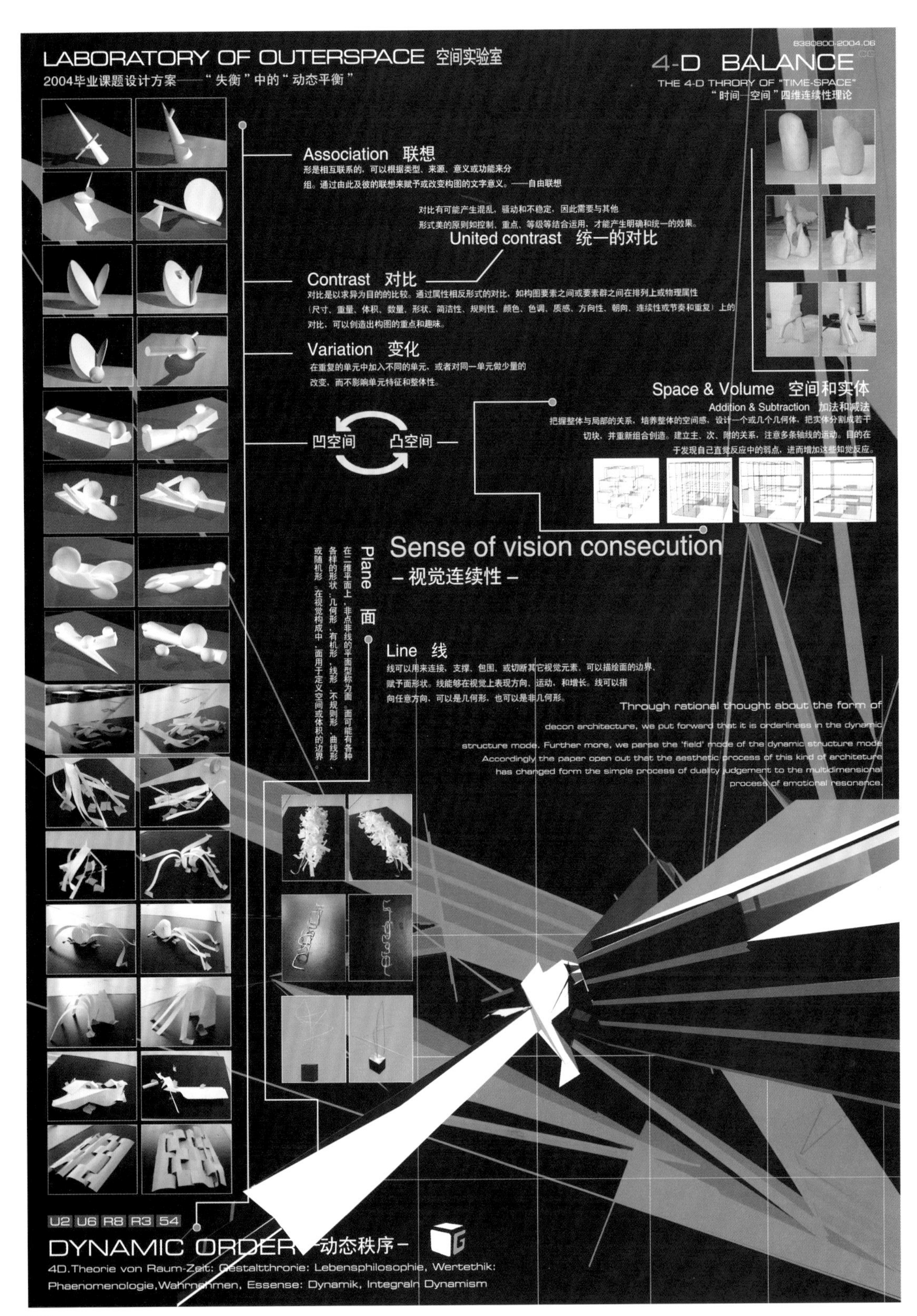
LABORATORY OF OUTERSPACE 空间实验室
2004毕业课题设计方案——"失衡"中的"动态平衡"
8380800-2004.06
4-D BALANCE
THE 4-D THRORY OF "TIME-SPACE"
"时间—空间"四维连续性理论
Association 联想
形是相互联系的，可以根据类型、来源、意义或功能来分组。通过由此及彼的联想来赋予或改变构图的文字意义。——自由联想
对比有可能产生混乱，骚动和不稳定，因此需要与其他形式美的原则如控制、重点、等级等结合运用，才能产生明确和统一的效果。
United contrast 统一的对比
Contrast 对比
对比是以求异为目的的比较。通过属性相反形式的对比，如构图要素之间或要素群之间在排列上或物理属性（尺寸、重量、体积、数量、形状、简洁性、规则性、颜色、色调、质感、方向性、朝向、连续性或节奏和重复）上的对比，可以创造出构图的重点和趣味。
Variation 变化
在重复的单元中加入不同的单元，或者对同一单元做少量的改变，而不影响单元特征和整体性。
Space & Volume 空间和实体
Addition & Subtraction 加法和减法
把握整体与局部的关系，培养整体的空间感，设计一个或几个几何体，把实体分割成若干切块，并重新组合创造。建立主、次、附的关系，注意多条轴线的运动。目的在于发现自己直觉反应中的弱点，进而增加这些知觉反应。
凹空间 凸空间
Sense of vision consecution
–视觉连续性–
Plane 面
在二维平面上，非点非线的平面型称为面。面可能有各种各样的形状：几何形，有机形，线形，不规则形，曲线形或随机形。在视觉构成中，面用于定义空间或体积的边界。
Line 线
线可以用来连接，支撑，包围，或切断其它视觉元素，可以描绘面的边界，赋予面形状。线能够在视觉上表现方向，运动，和增长。线可以指向任意方向，可以是几何形，也可以是非几何形。
Through rational thought about the form of decon architecture, we put forward that it is orderliness in the dynamic structure mode. Further more, we parse the 'field' mode of the dynamic structure mode Accordingly the paper open out that the aesthetic process of this kind of architeture has changed form the simple process of duality judgement to the multidimensional process of emotional resonance.
U2 U6 R8 R3 54
DYNAMIC ORDER –动态秩序–
4D.Theorie von Raum-Zeit: Gestaltthrorie: Lebensphilosophie, Wertethik: Phaenomenologie,Wahrnehmen, Essense: Dynamik, Integraln Dynamism

图2

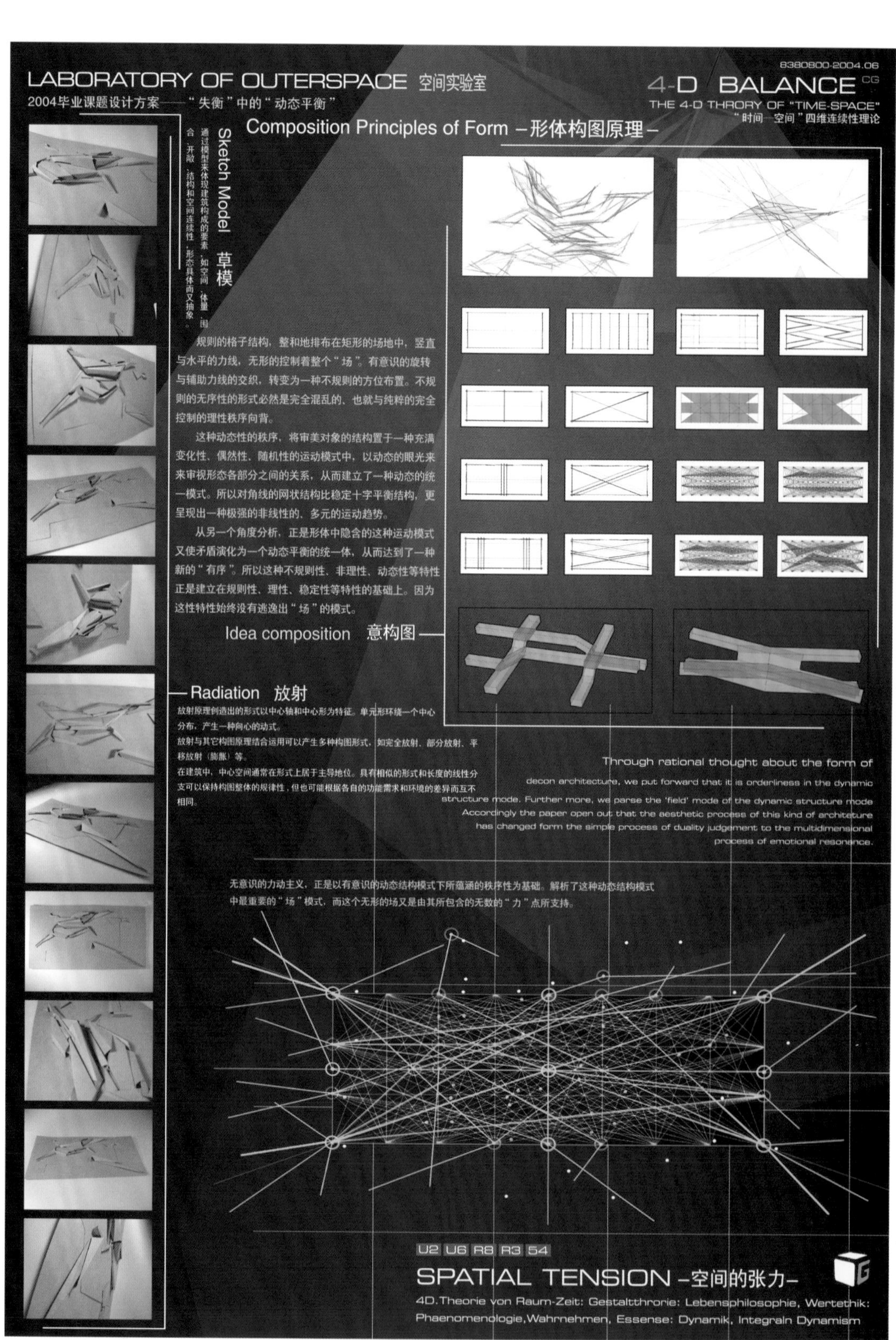

8380800-2004.06
LABORATORY OF OUTERSPACE 空间实验室
2004毕业课题设计方案——"失衡"中的"动态平衡"
4-D BALANCE CG
THE 4-D THRORY OF "TIME-SPACE"
"时间—空间"四维连续性理论
Composition Principles of Form –形体构图原理–
Sketch Model 草模
通过模型来体现建筑构成的要素，如空间，体量，围合，开敞，结构和空间连续性，形态具体而又抽象。
规则的格子结构，整和地排布在矩形的场地中，竖直与水平的力线，无形的控制着整个"场"。有意识的旋转与辅助力线的交织，转变为一种不规则的方位布置。不规则的无序性的形式必然是完全混乱的、也就与纯粹的完全控制的理性秩序向背。
这种动态性的秩序，将审美对象的结构置于一种充满变化性、偶然性、随机性的运动模式中，以动态的眼光来来审视形态各部分之间的关系，从而建立了一种动态的统一模式。所以对角线的网状结构比稳定十字平衡结构，更呈现出一种极强的非线性的、多元的运动趋势。
从另一个角度分析，正是形体中隐含的这种运动模式又使矛盾演化为一个动态平衡的统一体，从而达到了一种新的"有序"。所以这种不规则性、非理性、动态性等特性正是建立在规则性、理性、稳定性等特性的基础上。因为这性特性始终没有逃逸出"场"的模式。
Idea composition 意构图
Radiation 放射
放射原理创造出的形式以中心轴和中心形为特征。单元形环绕一个中心分布，产生一种向心的动式。
放射与其它构图原理结合运用可以产生多种构图形式，如完全放射、部分放射、平移放射（膨胀）等。
在建筑中，中心空间通常在形式上居于主导地位。具有相似的形式和长度的线性分支可以保持构图整体的规律性，但也可能根据各自的功能需求和环境的差异而互不相同。
Through rational thought about the form of decon architecture, we put forward that it is orderliness in the dynamic structure mode. Further more, we parse the 'field' mode of the dynamic structure mode Accordingly the paper open out that the aesthetic process of this kind of architecture has changed form the simple process of duality judgement to the multidimensional process of emotional resonance.
无意识的力动主义，正是以有意识的动态结构模式下所蕴涵的秩序性为基础。解析了这种动态结构模式中最重要的"场"模式，而这个无形的场又是由其所包含的无数的"力"点所支持。
U2 U6 R8 R3 54
SPATIAL TENSION –空间的张力–
4D.Theorie von Raum-Zeit: Gestaltthrorie: Lebensphilosophie, Wertethik: Phaenomenologie,Wahrnehmen, Essense: Dynamik, Integraln Dynamism

图3

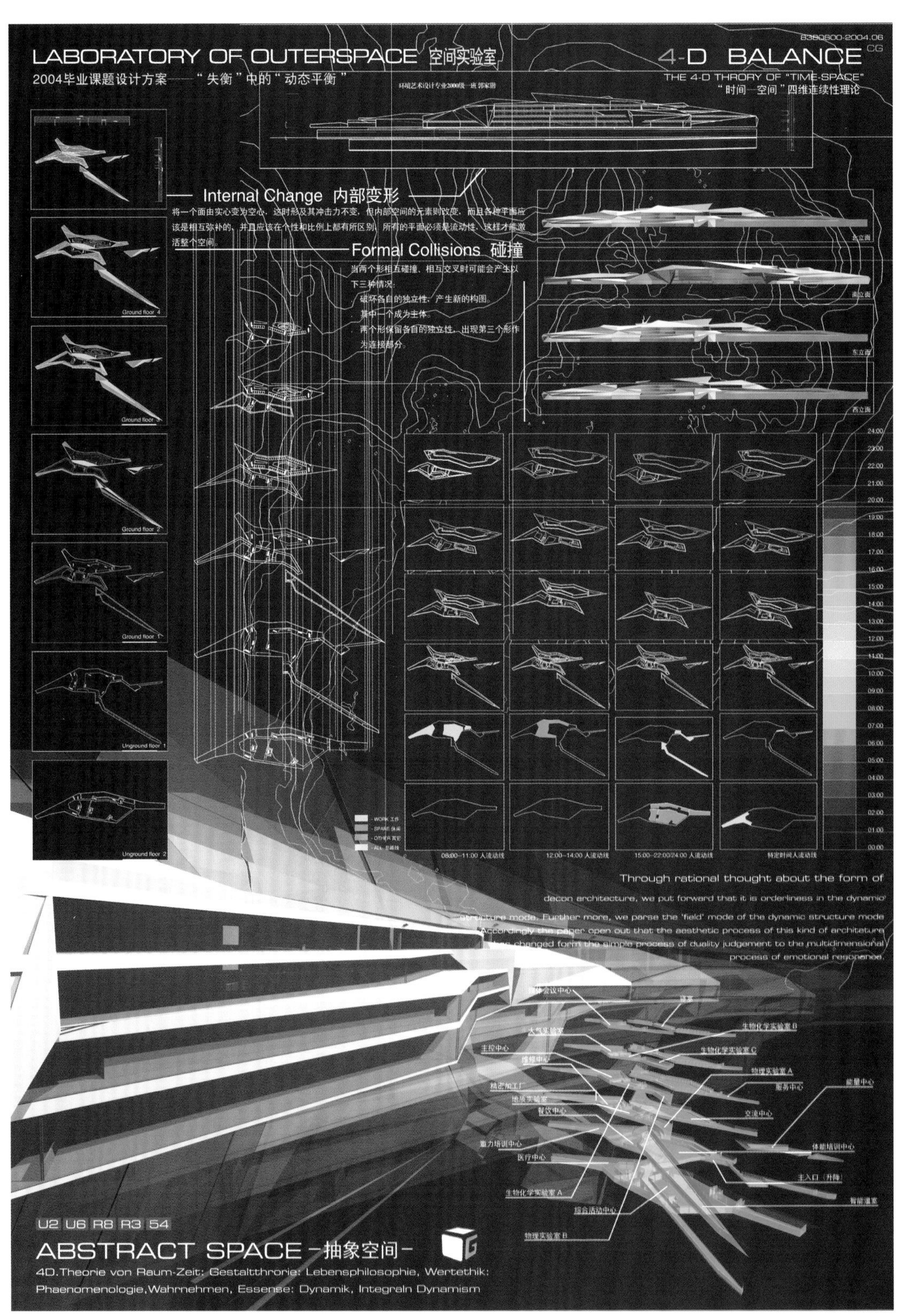
LABORATORY OF OUTERSPACE 空间实验室
2004毕业课题设计方案——"失衡"中的"动态平衡"
4-D BALANCE
THE 4-D THRORY OF "TIME-SPACE"
"时间—空间"四维连续性理论
Internal Change 内部变形
Formal Collisions 碰撞
Through rational thought about the form of decon architecture, we put forward that it is orderliness in the dynamic structure mode. Further more, we parse the 'field' mode of the dynamic structure mode. Accordingly the paper open out that the aesthetic process of this kind of architecture have changed form the simple process of duality judgement to the multidimensional process of emotional response.
ABSTRACT SPACE -抽象空间-
4D.Theorie von Raum-Zeit: Gestalttheorie: Lebensphilosophie, Wertethik: Phaenomenologie,Wahrnehmen, Essense: Dynamik, Integraln Dynamism

图 4

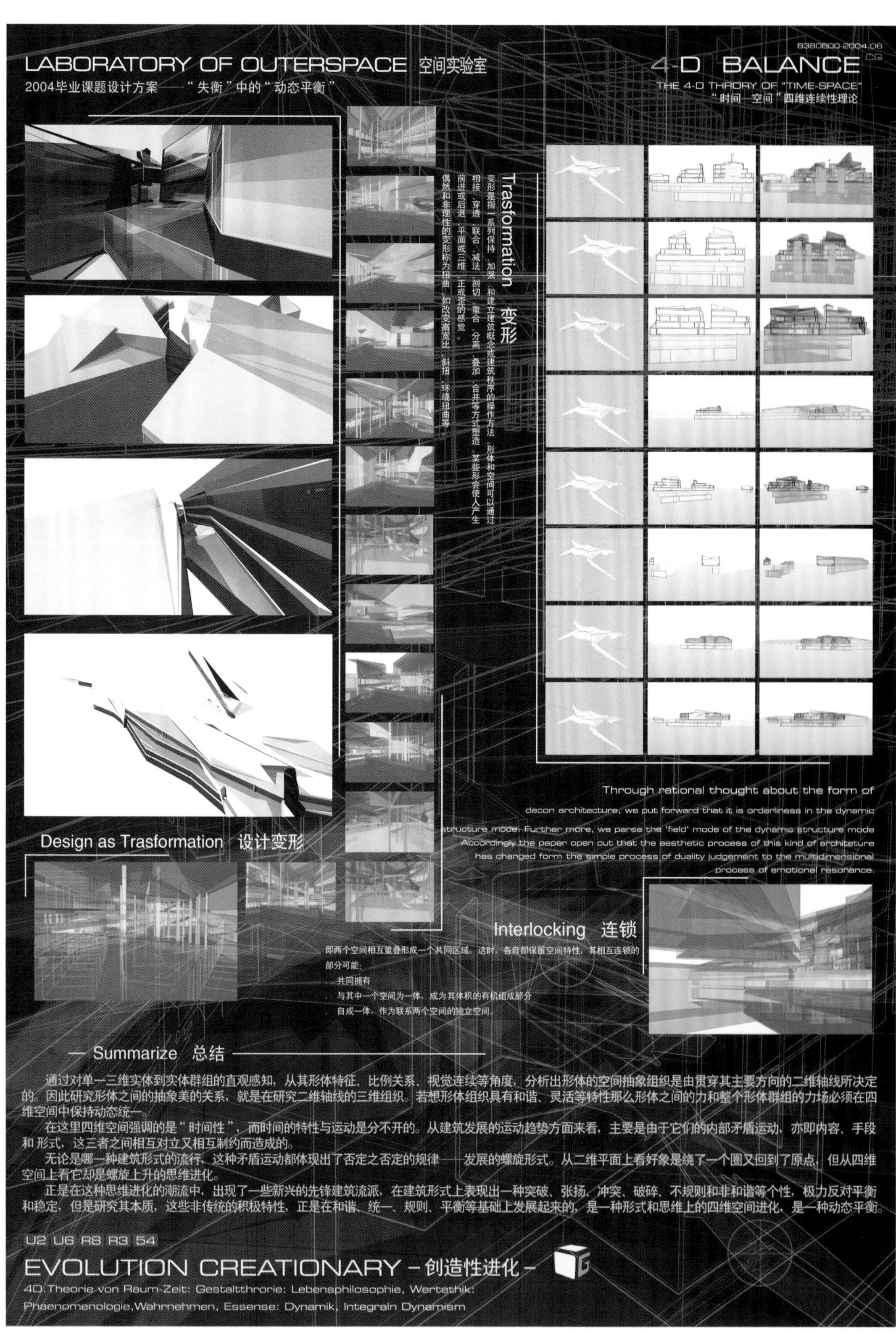
LABORATORY OF OUTERSPACE 空间实验室
2004毕业课题设计方案——"失衡"中的"动态平衡"
B3B0B00-2004.06
4-D BALANCE
CG
THE 4-D THRORY OF "TIME-SPACE"
"时间—空间"四维连续性理论
Trasformation 变形
变形是指一系列保持、加强、和建立建筑概念或建筑秩序的操作方法。形体和空间可以通过相接、穿透、联合、减法、剖切、重合、分离、叠加、合并等方式塑造。某些形会使人产生前进或后退、平面或三维、正或歪的感觉。偶然和非理性的变形称为扭曲，如改变高宽比、斜扭、环绕扭曲等。
Through rational thought about the form of
decon architecture, we put forward that it is orderliness in the dynamic
structure mode. Further more, we parse the 'field' mode of the dynamic structure mode
Accordingly the paper open out that the aesthetic process of this kind of architeture
has changed form the simple process of duality judgement to the multidimensional
process of emotional resonance.
Design as Trasformation 设计变形
Interlocking 连锁
即两个空间相互重叠形成一个共同区域，这时，各自都保留空间特性，其相互连锁的部分可能：
. 共同拥有
. 与其中一个空间为一体，成为其体积的有机组成部分
. 自成一体，作为联系两个空间的独立空间。
— Summarize 总结
通过对单一三维实体到实体群组的直观感知，从其形体特征、比例关系、视觉连续等角度，分析出形体的空间抽象组织是由贯穿其主要方向的二维轴线所决定的。因此研究形体之间的抽象美的关系，就是在研究二维轴线的三维组织。若想形体组织具有和谐、灵活等特性那么形体之间的力和整个形体群组的力场必须在四维空间中保持动态统一。
在这里四维空间强调的是"时间性"，而时间的特性与运动是分不开的。从建筑发展的运动趋势方面来看，主要是由于它们的内部矛盾运动，亦即内容、手段和形式，这三者之间相互对立又相互制约而造成的。
无论是哪一种建筑形式的流行，这种矛盾运动都体现出了否定之否定的规律——发展的螺旋形式。从二维平面上看好象是绕了一个圈又回到了原点，但从四维空间上看它却是螺旋上升的思维进化。
正是在这种思维进化的潮流中，出现了一些新兴的先锋建筑流派，在建筑形式上表现出一种突破、张扬、冲突、破碎、不规则和非和谐等个性，极力反对平衡和稳定，但是研究其本质，这些非传统的积极特性，正是在和谐、统一、规则、平衡等基础上发展起来的，是一种形式和思维上的四维空间进化，是一种动态平衡。
U2 U6 R8 R3 54
EVOLUTION CREATIONARY－创造性进化－
4D.Theorie von Raum-Zeit: Gestaltthrorie: Lebensphilosophie, Wertethik:
Phaenomenologie,Wahrnehmen, Essense: Dynamik, Integraln Dynamism

图5

郭家锴 《空间实验室》

评图：

图1：形体的美学原理。通过直棱体间位置上的平行及垂直、支撑、锲入和相贯的连接方法进行构成。以理解简单轴线之间的关系，虽然简单直白，但具整体的约束力，是轴线的空间立体化，构建出模型的基本“力场”。帮助我们从宏观上把握几何特征性的整体统一，进而实现稳定向运动的过渡。

图2：视觉连续性。曲面体与直棱体相比，曲面体的稳定性不强，但更具动性和张力。直棱体＋曲面体，进一步研究动态结构的敏感性，既可以满足整体的平衡，又有个性的体现。空间线，线条在设计中有很多应用，它可以被采用来作为立体造型的轴，描述面和体，勾画轮廓和细节。构成，在构成设计中需要许多元素来表达构思，构成设计应该是抽象的，并且是富有感情的表现。凸面和凹面，探索单一的特定形式的各种属性，练习的目的是创造灵巧的形态。空间分析，研究空间就是在研究空间中平面的各种关系，它们是怎样互联的，因为我们所研究的空间，就是通过规则或不规则的面围合而成的。

图3：定稿意构。作为一种发射的意识流，液晶可以通过一种伸缩机制，反映出一种内在与外在，静态与动态，传统与技术糅合为一的意构。建筑形体的外结构线，在意构中成为“液晶”分子规则格局的意构之力或控制线。从图中可以看出该生空间构成的思考方法，及创作草模。规则的格子结构，整合地排在矩形的场地中，竖直与水平的力线，无形地控制着整个场，有意识的旋转与辅助力线的交织，转变为一种不规则的方位布置。不规则的无序性的形式必然是完全混乱的，也就与纯粹的完全控制的理性秩序相悖。

通过模型来体现建筑构成的要素，如空间、体量、围合、开敞、结构和空间连续性，形态具体而又抽象。

图4：抽象空间。内部功能分析，主入口、综合活动中心、智能温室、体能培训中心、能量中心、医疗中心、重力培训中心、餐饮中心、服务中心、物理实验室、生物化学实验室、地质实验室、维修中心、主控中心、精密加工厂、大气实验室、媒体会议中心、寝室区。

人流动线分析图，浅蓝色代表工作人群，深蓝色代表休闲人群，粉红色代表其他人群，黄色代表总路线。

图5：方案效果。该生研究的结果是一种创造性进化——意识力动网格模式。体现在建筑外部轴线、建筑剖面、建筑内部中。“意识力动”——主观模式的情绪流；“网格模式”——整个“场”被若干个小力场分解成空间的网格。整个模式色应用就是代表“力场”的“网格”，通过“心理力”的控制，重新分配组合。依据是场所的属性和心理力的大小。

总评：该生通过毕业设计来探讨“失衡”中“动态平衡”的问题。大学四年中所要学习的知识很多，而关键在于学习方法的获得。所以该生总结出要想掌握一套成熟而又明晰的设计思路，“基础”最重要。设计之初该生并没有一开始就定下来要做哪一种建筑形式，而是重新回到最原始的形体，通过最基本的美学、构图和变形原理，凭借所学知识，从形体感知到空间分析，经过了实体组织、实体抽象、空间激活、空间设计这样一个过程。认识到形体的创作就是在设计每一条决定形体位置的“轴线”。

通过对单一三维实体到实体群组的直观感知，从其形体特征、比例关系、视觉连续等角度，分析出形体的空间抽象组织是由贯穿其主要方向的二维轴线所决定的。由此总结研究形体之间的抽象美的关系，就是在研究二维轴线的三维组织。若想形体组织具有和谐、灵活等特性，那么形体之间的力和整个形体群组的力场必须在四维空间中保持动态统一。

因此该生设计中运用规则的格子结构，整和地排布在矩形的场地中，竖直与水平的力线，无形的控制着整个“场”。再通过有意识的旋转与辅助力线的交织，转变为一种不规则液晶虚构格局的方位布置。从而形成了一种放射构图，最终通过运用设计变形原理形成了一个动态视觉平衡的建筑簇群。

二、绿色设计课题实践实录

导言：

近年，在许多建筑出版物中，频繁地宣传绿色设计理念和建筑，帮助了生态和环保意识在年轻的设计师和学生们中的广泛传播。但是，建筑实例所展示的效果却很难让读者深入地了解设计者的意图和建设过程中的技术运用。

事实上，我们的研究领域一直在改变，绿色生态建筑不是一个一成不变的理想，而是伴随着科学和技术的发展而被重新界定和评价的不断演进的概念。对于环境艺术专业，我们这个课程的研究和教学计划，实践环节变得更加重要。

要求学生：

首先，使学生能够具备将绿色设计和生态理念的知识转化成建筑的想象力。一个良好的理论基础是必不可少的。其次，学生需要经验型的知识。从实地调研中通过直接的观察和测量，它可以告诉我们不同的技术在实践中应用的效果如何。第三，在不同的设计阶段，我们需要分析的工具和模拟的技术对生态性能进行预测，并在此基础上精细地调整和设计方案的比较。这些是许多在校学生最想得到帮助的地方，也是最不容易接触到和最复杂的部分。

实践地点的选择是在大连大黑石旅游度假村中的两栋别墅作为比较设计。该项目发挥余地大，现有别墅基础情况完全相同，更加有利于在建设过程中作以比较和研究。

项目名称：

大连大黑石旅游度假村生态别墅设计

地理环境：

大连大黑石旅游度假村位于大连市甘井子区营城子镇，占地7.6平方公里，距市中心30公里，距大连港40公里，距旅顺口区18公里，距大连开发区50公里，距空港18公里，是大连市旅游业开发较早的旅游度假村，目前已初具规模。

全景

大黑石有苍天恩赐的自然优势和得天独厚的7华里的黄金海岸线，160余处自然和人工雕琢而成的景观令人流连忘返。高18.8米的千手千眼双面观音菩萨青铜铸像屹立于北普陀山巅。仿汉唐文化迎宾牌楼，高19.9米，宽16.8米，巍巍耸立，无比壮观。仿明清文化海滨牌楼有清末王爷溥杰遗墨“乘龙游海”。传统文化区内，青石雕成的五百罗汉群，神态各异，栩栩如生。晚清文物青石雕成的两条腾飞长龙，长8米矗立于“双龙岛”上，有两艘豪华游艇穿梭往返迎送客人。有巧夺天工的“双龙岛”、“雄狮岛”、“神龟岛”、“灵龟探海”、“神象嬉水”、“母鹿救子”、“时珍忧世”等几十处礁石奇观。原辽宁省省长薄熙来亲笔题字“大黑石旅游度假村”。这里是一个不可多得的旅游盛地。

大黑石月亮湾浴场，水质清澄，滩缓沙纯，造型独特，长达120米永久性的避暑长廊中，摆放100多张大理石石桌石凳，可供上千人用餐休息，廊外骄阳似火，廊内清爽怡人。登高远眺，尽环山之华，绝渤海之秀，山海呼应，胜景无穷。

气候因素：

大连市气候宜人，冬无严寒，夏无酷暑，四季分明，具有海洋特点的温湿带大陆性季风气候。全年平均气温在10摄氏度左右，年降水量550～950毫米，其中60%～70%集中于夏季，多以暴雨形式降水，夜雨多于日雨。全年日照总时数为2500～2800小时。生活与居住环境十分优越，是我国最适宜居住的城市之一。

开发设想：

建设生态环保型别墅。绿色设计和生态理念必须贯彻整个设计过程。

每户建筑面积300～400平方米。每栋别墅2～3层。智能化、独立室温控制和污水处理。能源来自于太阳能及市电结合，满足用户日常需要及便利的要求。拥有花园、草坪、果树、家禽养殖。保证用户拥有较好观景条件。

设计构想和设计实施

考察定位：

从大连轻工业学院出发，经辛寨子到大黑石，车程约20分钟左右。沿路方向为旅顺北路，沿路是一派新型农村的景象。近两年政府投资加大，沿途有德国设计师设计的景观，大量植物的种植，使目前这条路成为大连的新景点，并有原始森林的味道，具有森林氧吧的功能。途中还经西山水库，那里是大连主要的淡水储备地。再经双台沟，便可看见标志大黑石旅游度假村的牌坊。大黑石旅游度假村不仅是旅游度假的好地方，其中还有很多大连著名的学校，包括辽宁省警官学校、大连南洋学校、大连枫叶学校，增添了许多人文气息。主干道的北侧滨海，南侧靠山。主干道的两侧有很多未建成或正在建设的别墅。由于得天独厚的条件，市政府的总体规划中将大黑石村定义为旅游度假村。

营城子镇

路景住宅

双台沟

大黑石旅游度假村

上山小径

辽宁省警官学校

南洋学校

枫叶学校

山上雪景

俯视基地

路景

正在施工的别墅

基地状况：

这个发展项目建在市郊的乡村山地上，是已搁置了十五年之久的简陋别墅。由于当时建筑内部未完工，室内全部裸露着毛坯，顶棚的灰色水泥留有胎膜痕迹，墙面用粗沙土红色砖砌筑。每户前院尚未分割整理，设施不完善，没有自来水管道和排水，用电也不方便，没有垃圾的回收和处理，无能源储备。周围没有明显的道路，整体还需规划，只有人们走出来的路，建筑内外均需重新打理。

基地环境

基地环境

基地环境

基地环境

基地雏形

基地雏形

基地雏形

基地雏形

1号别墅：

关键词——可持续发展、绿色设计方法

1. 建造技术

木结构：

房屋由可循环利用的可持续材料建造，采用了维修费用低的白松实木作为室内设计的主材，以配合山顶别墅的风格。地面和顶棚为木材，天花造型较为突出，以足尺的木方原型，条形排列出序列感，不浪费材料。

三点好处：(1) 满足基本的形式感，体现空间感，遮挡顶部。(2) 为材料的再利用提供了一个很好的基础。螺丝钉卸后，可再次使用，改变其他造型。(3) 基本造型为二次设计提供了很好的基础，如可在现有基础上，加石膏板改变设计，木方起到了骨架的作用。天花设计有独到之处。

为配合整体设计，居室中的部分家具也由木方制作。如主卧室的床头设计，采用木方并排，宽度满墙，高度400毫米。次卧室床头的设计也运用简洁大方的造型。

二层天花

一层天花

二层主卧

一层客厅

装楼梯侧板

餐厅

楼梯

楼梯

楼梯

手工锯木方

墙面处理：

在内墙砖坯的基础上，用水泥砂浆做表面处理，并留有肌理的痕迹，显得自然纯朴，外面直接刷乳胶漆。使夏季热温被吸收，保持室内的凉爽。

墙面肌理效果

二层一瞥

墙面肌理

二层休息区

首层空间

砖坯再利用

2. 冬季取暖

大连属于海洋性气候，冬季最高温度在0摄氏度左右，最低温度零下13摄氏度左右。别墅周围并没有统一的供暖设备。房屋中的冬季取暖是个大问题，因为造价较高，独立的锅炉系统，太阳能供电需要进一步实现。在设计过程中的经费使用，也是必须要考虑的方面。一个成功的设计，必须包括合理而经济的造价，这也是绿色设计中需要考虑的一个方面。

首层卧室

园内雏形

院景太阳能利用

燃烧能源：

火炕的使用。山上的枯树枝可作主要的燃烧能源。

电能源：

城市电能和太阳能的同时使用。太阳能集热板可满足洗浴、清洁等实用功能。120升热水机可满足一户所需。配合电暖气和电吹风使用，提高室内温度。

太阳能利用：

白天大部分的热量靠太阳的辐射热量。建筑东南朝向，整个建筑分三层，每层阳光照射充足。为防西晒和散热，建筑西面开窗较少，一层有外廊，提供一处人们休憩的环境。

3．室内通风

南北开窗通风，完全不用人工降温，房屋西南侧有水池，夏季风从水面来，吹入室内清爽风凉。室内平面的布局，满足有序和多功能的利用。使人们达到正常的使用功能。

室内采光

室外

4．环境处理

水处理：

雨水收集。屋顶表面仍选用挂瓦的形式，将四面房檐滴落的雨水，滴进预先在地面建的蓄水池内，再由蓄水池流入房屋西南角的水池中，用于灌溉和牲畜的喂养。

饮用水。由于环境原因，山上停水现象时有发生，解决的方法是山顶建有水塔，供几家同时使用。另外，自家也可在地下室建立储水池，配以吸泵，无水时可提供基本饮用水．

海景

水收集

别墅外景

雨水收集

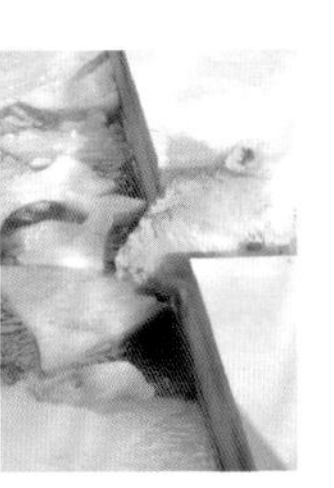
雨水收集

雨水收集池

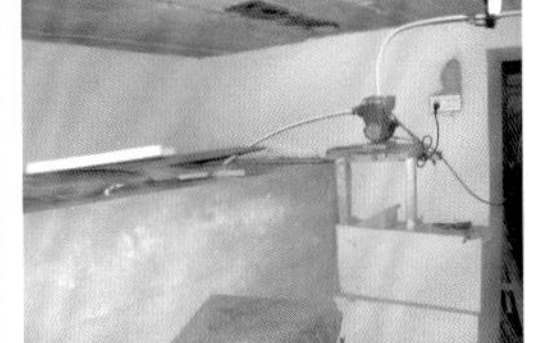
地下室水池

自吸泵

灰水循环系统：

为了节约用水，住宅采用灰水循环系统，即将浴缸、淋浴和洗手池的废水经过处理后，储存到外部储藏罐中作为冲厕用水。此外，还安装了节水马桶和节水龙头，使用水量降到最低。

种植、养殖：

园内种植观赏性植物和时令蔬菜水果。观赏性植物在夏季可为园内提供阴凉的去处，部分空间种植时令蔬菜水果，可自给自足。养殖家禽若干，可提供人们所需的蛋白质。周边环境还非常适合放羊。夏秋有大量的植物可供羊食用，池内养鱼，既可观赏又可食用。种植和养殖为忙碌的人们提供了许多生活的情趣。

家禽养殖

垃圾处理：

生活垃圾在山下有统一的城市管理收集地。人和家禽的粪便可通过渗水池，将污水和粪便做收集、沉淀处理，完成在春季的积肥，用做播种植物肥料。

储藏：

西北角建有地下室：30 平方米左右，用于储水和冬季储菜。满足人们的需求。

采购：

每周日镇上还有集市可供采购。车程 10 分钟左右，比较方便。市内购买需 1 小时左右。

整个设计突出可持续发展和环保的理念，设计过程中多次尝试绿色设计的方法和理念。有些效果上还不完善，但却是从理念到实践的一次重要尝试。

二层休息厅

一层客厅

一层客厅

一层入口

一层楼梯

一层餐厅

二层休息厅

二层客卧

2 号别墅：

关键词——废旧材料的再次利用

该别墅所处的自然环境优雅清静，在建筑东侧有茂密的树林。窗外的槐树林在斜阳下，光线缓缓洒入室内，形成独特的光影效果。在房间的一端堆积了原施工废弃的材料。如镀锌风筒、破碎的镜子、对不上牙口的陶制洗面盆和三合板的边条等。因此，设计选择利用废弃的材料组合新的视觉元素，以最低预算来营造一个外似简陋、内涵丰富的工作室兼居住空间。

1. 空间设计

由于建筑呈长方形，横竖均为水平向度，水泥梁和砖墙组织或直线结构序列元素，只有楼梯是曲折状。设计师将楼梯改为与梁墙水平直线，加强了原有空间秩序。建筑共两层：一层将起居、工作、进餐、烹饪的多功能分区重叠在一个空间内，各分区既体现了各自不同的功能，同时依然保持了空间的整体感。地面用落叶松从入口的方向以直线和回游的铺设方式，暗示空间的流动方位和空间的穿越性，并将水泥地面分割出不同的功能区域。二层为居室，阳光、通风都非常好，可以俯瞰田间和果园的风光。

楼梯

楼梯

一层厨房一瞥

一层屋后

客厅俯视

楼梯一角

2. 材料的再利用

整个室内的装饰没有采用踢脚线和天花线，更没有门窗套，仅用了一张木工板便完成了七个门口的制作。将破碎的镜片拉长，与洗面台尺度重组。粗糙的红砖墙和灰色的水泥台板强烈地烘托了光滑的白色陶制面盆。遵循同样的原则，用四节旧镀锌风筒连接成一个直线工作台。风筒内可放置各种图纸和工具，安置在空间中不但在视觉上而且在实质上相互联系。进餐区的天花用水曲三合板的碎边条以交叉的直线重叠。缝隙中透射出暖色的灯光。以落叶松胎板制成的楼梯踏步有节奏地通向二层。红砖墙壁嵌入不规则的木方，暗示着原建筑施工留下的痕迹。

餐厅天花

餐厅一瞥

一层卫生间

客厅一角

餐厅墙面处理

3. 色彩的考虑

整个空间的用色上，以灰色水泥、土红色砖墙为空间背景。局部采用少量木制造型，尤其是对白色的运用十分节省。

阳光厅

客厅

4. 环境处理

绿地：

由于该户主在建筑北侧有大片可重置区域，所以建筑的南面选用了自然缓坡的形式铺设草坪，使院内整体视线通透。

水池：

设计师对院内水池的处理，很好地解决了美观和功能的结合问题。长方形的水池与通道垂直相贯，通道仿佛悬浮于水面之上，直通室内。设计简洁大气。池中养鱼供观赏，夏季时节，微风来临，可使房屋室内降温。功能审美兼具。

院落水处理

院落休息区

休憩玩耍：

在通道尽头，出现面积约20平方米的一块室外木质地板区。老人可以闲坐晒太阳；孩童可以毫无顾忌地玩耍；中年人可以下棋、品茶、聊天。充分体现了人与自然和谐的理念，绝对是院内的一道独特风景。

整个设计到施工非常顺利。从院子里的槐树到室内的一砖一木，都得到了很好的保护和利用。对普通人来说，是简陋，但对设计工作者来说，这是对改变传统别墅设计观念的一种尝试。

一层

一层厅

一层

一层入口

三、绿色设计课程教学任务书

（一）教学目的

人类对生态环境问题的关注才刚刚开始，对绿色设计的探索也仅仅处于初级阶段。同时，绿色设计的涉及面很广，是多学科、多门类、多工种的交叉，可以说是一门综合性的系统工程，它需要社会的重视，全社会的参与，决不是只靠几位设计师就可以实现的，更不是一朝一夕能够完成的，但它代表了21世纪的方向，是设计师应该为之奋斗的目标。作为环境艺术专业的学生，应掌握在实际设计中合理运用绿色设计的原则及方法。设计出更好的节能、节源的绿色空间。

（二）课程内容

1．概述绿色设计

a．严峻的现实

b．呼唤绿色设计

c．对环境“影响”最小的设计

绿色设计（Green Design）

生态设计（Ecological Design）

环境设计（Design for Environment）

生命周期设计（Life Cycle Design）

环境意识设计（Environmental Conscious Design）

2．绿色（生态）设计概念

a．绿色建筑的由来

b．绿色建筑概念

c．国际建筑界有关“生态建筑”的实践

3．绿色设计的方法

a．绿色设计的原则

b．四个“Re”原则

Reduce— 少量化设计原则

Reuse— 再利用设计原则

Recycling— 资源再生设计原则

c．绿色设计着眼点

4．绿色设计方法

a．太阳能技术在建筑中的应用

b．绿色设计中的自然通风

c．建筑中的雨水收集利用

d．建筑环境大面积植被化

e．绿色建材

5．绿色设计的发展

6．案例

（三）典型作业

给定基本尺寸，在建造的单体建筑中实现绿色设计

（四）考核方式

考察报告，大作业

（五）先修课程

环境艺术设计基础课程

（六）适用专业

环境艺术设计专业

工业造型设计专业

（七）参考书目

《绿色建筑》

《建筑设计指导丛书》

《世界建筑》

四、教学总体计划

教学课程总学时：四周（80 学时）

课程名称：绿色设计

课程安排：

周 次	课 序	教 学 环 节	学 时
第一周	1～5	讲授、考察	20

授课具体内容：

（1） 讲课之前先请同学举例现实生活中的绿色理念，身边的绿色设计案例。

（2） 图片赏析，美好的自然环境，人类发展带来的负面后果，人类觉悟努力的结果等。

（3） 教师讲授绿色设计概述、绿色设计概念、绿色设计着眼点。

（4） 课后思考题：收集你认为运用了绿色设计原理的作品，并加以说明。

（5） 学生课余时间查阅资料，走出教室去考察，考察报告。

周 次	课 序	教 学 环 节	学 时
第二周	6～10	讲授、查资料	20

授课具体内容：

（1） 学生对自己的考察结果作汇报（增加学习的互动性）。

（2） 教师讲授绿色设计的具体方法，太阳能技术、设计中的自然通风、雨水收集利用、建筑环境植被化、绿色建材等。

（3） 课后讨论题：四个"Re"原则的现实意义，以及它在建筑、室内设计中的必要性。

（4） 学生课余时间查阅相关资料。

周 次	课 序	教 学 环 节	学 时
第三周	11～15	讲授、做作业	20

授课具体内容：

（1） 教师讲授绿色设计的发展及典型案例。

（2） 学生就所学所感进行讨论。

（3） 课后思考题：补充绿色设计方法。以绿色设计的方法分析建筑 3 例，解析其绿色设计的方法。

（4） 教师确定作业题，作业要求及规范。

（5） 学生勾画草图，教师进行分别辅导。

（6） 学生查阅相关资料。

周 次	课 序	教 学 环 节	学 时
第四周	16～20	做作业、总结	20

授课具体内容：

（1） 学生作业最后进行调整、制作、装裱。

（2） 学生现场讲述自己的设计，教师根据此次作业出现的问题，进行总结。

（3） 作业进行展示。

授课具体内容：

运用绿色设计的理念和方法进行单体别墅设计。

要求：

（1） 自然条件分析图（气候条件分析图、地理分析图）。

（2） 功能分析图（太阳能利用分析图、水循环分析图）。

（3） 效果图、平面图（功能分析）、天花图、主要立面图及局部大样图。